DEUTSCHE AKADEMIE
DER LANDWIRTSCHAFTSWISSENSCHAFTEN ZU BERLIN

ARCHIV
FÜR
GEFLÜGELZUCHT
UND
KLEINTIERKUNDE

Begründet als
„ARCHIV FÜR GEFLÜGELKUNDE"
im Jahre 1926
von Jan Gerriets

8. BAND · HEFT 1/2 · 1959

AKADEMIE-VERLAG · BERLIN

INHALTSVERZEICHNIS

Das Archiv für Geflügelzucht und Kleintierkunde erscheint in einzelnen Heften mit einem Umfang von je 5 Druckbogen. Die Hefte, die innerhalb eines Jahres herauskommen (6 Hefte), bilden einen Band. Das letzte Heft des Bandes enthält Inhalts-, Autoren- und Sachverzeichnis.
Es werden nur Manuskripte angenommen, die bisher noch in keiner anderen Form im In- oder Ausland veröffentlicht worden sind. Der Umfang soll nach Möglichkeit 1½ Druckbogen (etwa 35 Schreibmaschinenseiten) nicht überschreiten.
Die Autoren erhalten Fahnen- und Umbruchabzüge mit befristeter Terminstellung, bei deren Überschreitung durch den Autor von der Redaktion Imprimatur erteilt wird. In den Fällen, in denen die Lesung durch den Autor (Ausländer) auf sehr große Schwierigkeiten stößt oder sehr zeitraubend wäre, wird die Prüfung durch die Schriftleitung vorgenommen.
Das Verfügungsrecht über die im Archiv abgedruckten Arbeiten geht ausschließlich an die Deutsche Akademie der Landwirtschaftswissenschaften zu Berlin über. Ein Nachdruck in anderen Zeitschriften oder eine Übersetzung in andere Sprachen darf nur muit Genehmigung der Akademie erfolgen.
Kein Teil dieser Zeitschrift darf in irgendeiner Form — durch Fotokopie, Mikrofilm oder irgendein anderes Verfahren — ohne schriftliche Genehmigung der Akademie reproduziert werden.
Jeder Autor erhält von der Akademie unentgeltlich 100 Sonderdrucke und ein Honorar von 40,— DM für den Druckbogen. Das Honorar schließt auch die Urheberrechte für das Bildmaterial ein. Dissertationen, auch gekürzte bzw. geänderte, werden nicht honoriert.
Jeder Arbeit muß vom Autor eine Zusammenfassung der wichtigsten Ergebnisse beigegeben werden. Sofern er in der Lage ist, soll er diese gleich übersetzt in russisch und englisch bzw. in einer dieser Sprachen liefern. Gegebenenfalls wird die Übersetzung in der Akademie vorgenommen.
Bezugspreis je Heft (etwa 80 Seiten) 5,— DM. Der Preis dieses Doppelheftes beträgt 10,— DM.
Herausgeber: Deutsche Akademie der Landwirtschaftswissenschaften zu Berlin. Chefredakteur: Prof. Dr. phil. Dr. h. c. Jan Gerriets, Landwirtschaftlich-Gärtnerische Fakultät der Humboldt-Universität, Institut für Kleintierzucht, Berlin N 4, Invalidenstraße 42. Verlag: Akademie-Verlag GmbH., Berlin W 8, Mohrenstr. 39. Fernruf 200386. Postscheckkonto: Berlin 35021. Bestell- und Verlags-Nr. dieses Heftes: 1041/VIII/1/2. Veröffentlicht unter der Lizenz-Nr. ZLN 5006 des Ministeriums für Kultur, Hauptverwaltung Verlagswesen. Gesamtherstellung: VEB Druckerei „Thomas Müntzer“ Bad Langensalza.

Archiv für Geflügelzucht und Kleintierkunde
8. Band 1959

INHALTSVERZEICHNIS

Seite

Sachverzeichnis

Autorenverzeichnis

DEUTSCHE AKADEMIE
DER LANDWIRTSCHAFTSWISSENSCHAFTEN ZU BERLIN

ARCHIV
FÜR
GEFLÜGELZUCHT
UND
KLEINTIERKUNDE

Begründet als
„ARCHIV FÜR GEFLÜGELKUNDE"
im Jahre 1926 von Jan Gerriets

Schriftleiter
Prof. Dr. phil. Dr. h. c. Jan Gerriets
ehem. Direktor des Instituts für Kleintierzucht
der Humboldt-Universität Berlin

8. BAND · HEFT 1/2 · 1959

AKADEMIE-VERLAG · BERLIN

Aus dem Institut für Tierzucht der Universität Rostock und dem Institut für Tierzuchtforschung Dummerstorf der Deutschen Akademie der Landwirtschaftswissenschaften zu Berlin
(Direktor: Prof. Dr. W. Stahl)

J. RECK

Fruchtbarkeit und Fellqualität bei Silberfuchs und Nerz

Inhaltsverzeichnis

Einleitung

Die farmmäßige Edelpelztierzucht stand bisher in Deutschland am Rande der Volkswirtschaft und mehr noch am Rande wissenschaftlicher Bearbeitung und Forschung. In den „Hauptpelztierzuchtländern“, in der UdSSR, in den USA, Kanada, Schweden, Dänemark und Norwegen erfährt die Pelztierzucht staatlicherseits sehr große Beachtung und Unterstützung, es existieren staatliche oder genossenschaftliche Forschungsinstitute und Versuchsfarmen. In der Bundesrepublik Deutschland ist es die Bundesforschungsanstalt für Kleintierzucht in Celle, die sich in der Abteilung Pelztierzucht wissenschaftlich mit diesem Zweig der Tierzucht beschäftigt und zwar namentlich von seiten der Veterinärmedizin (Bakteriologie) und der Tierernährungslehre.

In der Deutschen Demokratischen Republik hat die Deutsche Akademie der Landwirtschaftswissenschaften zu Berlin an dem Institut für Tierzuchtforschung Dummerstorf die Versuchsstation für Pelztierforschung Appelburg bei Plau in Mecklenburg im Frühjahr 1952 ins Leben gerufen. Mit eigenem Tierbestand an Silber-, Platin-, Rot- und Blaufüchsen sowie Standardnerzen und verschiedenen anderen Nerzrassen ausgerüstet, arbeitet diese Station auf den Gebieten der Züchtungsbiologie, Tierernährung und Zuchthygiene.

Die Pelztierzucht gewinnt heute zunehmend volkswirtschaftliche Bedeutung in der DDR. Es ergibt sich daraus die Notwendigkeit, die tierzüchterische Wissenschaft auf die Pelztierzucht anzuwenden. Dabei sind Silberfüchse und Nerze als landwirtschaftliche Nutztiere zu behandeln und als solche, ihrer Biologie entsprechend, in den Rahmen der landwirtschaftlichen Tierzucht einzubeziehen.

Für die bei den bekannten Haustieren zum großen Teil gelösten Fragen des optimalen Zuchtalters, der Leistungsermittlung und -bewertung und des Ausmaßes der Leistungsbeeinflussung durch die Umwelt müssen für Silberfüchse und Nerze durch langjährige Beobachtungen und Untersuchungen erst die Grundlagen geschaffen werden. Gerade diesem Ziel dienen die Darstellungen der vorliegenden Arbeit.

I

Die Zucht von Silberfuchs und Nerz

1. Historische Entwicklung

In den zwanziger Jahren dieses Jahrhunderts zeigten sich in Deutschland die Anfänge einer aus Kanada und den USA zu uns gekommenen Zucht von edlen Pelztieren. Dieser jüngste Zweig unserer Tierzucht stellte sich die Aufgabe, die bisher in der freien Wildbahn lebenden kostbaren Pelzträger planmäßig in der Gefangenschaft, im Gehege, zu züchten zwecks geregelter und sicherer Gewinnung ihrer Felle. Gleichzeitig damit erstreckte sich der Begriff der „Pelztierzuchtindustrie“ auf die Zucht weiterer domestizierter Tiere wie Karakulschafe und Kaninchen, deren Felle im Rauchwarenhandel besonders geschätzt werden.

Auf Anregung des Münchener Universitätsprofessors R. DEMOLL gründeten führende Leipziger Rauchwarengroßhandlungen, sowie erste Münchener Pelzkonfektionshäuser die Deutsche Versuchszüchterei edler Pelztiere G. m. b. H. & Co., um mit der Zucht von Pelztieren, insbesondere von Silberfüchsen, auf deutschem Boden zu beginnen. 1921 wurde der erste Betrieb in Vorarlberg, die Farm Hirschegg-Riezlern, erbaut, 1923 dort die erste Nachzucht von aus Kanada importierten Silberfüchsen erzielt ([26], S. 15). 1924 waren in Deutschland vier Zuchtbetriebe vorhanden, die völlig unabhängig voneinander und von der Öffentlichkeit wenig bemerkt, am Aufbau ihrer Zuchten arbeiteten.

Außer einem Artikel über die Hirschegg-Riezlern-Farm in einem Leipziger Tageblatt, sowie einigen wenigen Inseraten über Angebote von Zuchtsilberfüchsen oder in denen Kapital zur Errichtung einer Silberfuchsfarm gesucht wird, war in der Zeitung- und Zeitschriften-Literatur jener Jahre kaum etwas, weder über Zucht von Pelztieren in Deutschland, noch über die nordamerikanische „Pelztierzuchtindustrie“ zu finden. Die Aufmerksamkeit der Öffentlichkeit wurde 1925 durch einen illustrierten Aufsatz über die Hirschegg-Riezlern-Farm geweckt, der eine planmäßige Berichterstattung über die Zucht von Pelztieren zur Folge hatte und damit eine Pelztierzuchtbewegung auslöste. Übertriebene Aufzeichnungen über die Gewinnmöglichkeiten der Pelztierzucht führten in zahlreich interessierten Kreisen zu abwegigen Meinungen über die Durchführung und den Erfolg der Pelztierzucht.

SCHÖPS ([28], S. 17) gibt einige Inserate vornehmlich spekulativen Inhalts wieder, die Personen der verschiedensten Gesellschafts- und Berufsschichten für die Pelztierzucht interessierten.

Die Wirkung dieser Inserat-Propaganda blieb nicht aus. Beschäftigungslose, Techniker, Kaufleute, Beamte, Künstler, einzelstehende Damen, pensionierte Offiziere, Landwirte, Industrielle, gescheiterte Existenzen usw. traten in den Kreis der „Pelztierzüchter“ ein. Die Pelztierzuchtbewegung in Deutschland bekam eine spekulative Richtung, die besonders von den Kräften Unterstützung fand, die Handelsgeschäfte mit Pelztieren betrieben. Betrug beim An- und Verkauf von Zuchttieren, Wucherpreise im Fellhandel und Mangel an Sachkenntnis fügten der aufblühenden Pelztierzucht mehr Schaden zu, als die ehrlichen Bemühungen einiger wirklicher Züchter und der Wert guten Pelzwerkes für die Daseinsberechtigung der Pelztierzucht tun konnten.

Darüber hinaus litt die Qualität der Pelzerzeugung in Deutschland unter der Lieferung züchterisch unkontrollierbaren Tiermaterials aus Amerika. Die Ausbreitung der „Pelztierzuchtindustrie“ in Amerika war allmählich zum Stillstand gekommen. Der Verkauf von Zuchttieren blieb aber ein gutes Geschäft, weshalb die europäischen Länder ein willkommenes Absatzgebiet wurden. Die Forderungen nach Verbandsbildungen in diesen Jahren entsprangen oftmals unlauteren, geschäftlichen Interessen. Zuchtverbände auf dieser Grundlage hatten jedoch keinen langen Bestand, vielmehr setzten sich die Verbände mit ernsthaften züchterischen Zielen durch.

Der Reichsverband Deutscher Silberfuchs- und Edelpelztierzüchter, e. V., Sitz Berlin z. B. beschäftigte sich mit der Ausarbeitung einer Zuchtbuchordnung zur Begutachtung des in deutschen Farmen stehenden Zuchtmaterials.

Um die Jahreswende 1926/27 wurde erstmalig das aus deutschen und ausländischen Zuchten stammende Silber- und Blaufuchsmaterial einer Körkommission vorgestellt. Als Ergebnis der ersten Zuchtjahre der deutschen Farmen wurde der Nachweis erbracht, daß der nach Deutschland aus Nordamerika eingeführte Silberfuchs sich als akklimatisationsfähig erwiesen hat, sich paart und fortpflanzt, ohne bis jetzt hierbei Veränderungen im Haarkleid zu erleiden.

So war also die Möglichkeit der Silberfuchszucht in Deutschland erwiesen und die Zahlen der Ausbreitung der Zuchtbetriebe zeigen die Konsequenz aus dieser Feststellung.

Schmidt ([26], S. 15) gibt folgende Aufstellung hierüber:
Es waren in Deutschland vorhanden:

1924	4	Zuchtbetriebe
1925	30	„
1928	104	„
1930	330	„

Eine amtliche Zählung ergab einen Bestand an Zuchtfüchsen:

1931	8569	Stück
1934	10564	„
1937	13337	„

Die 1934 erfaßten Betriebe setzen sich nach Untersuchungen von Wolff ([26] S. 16) zusammen aus:

26,5% Zwergbetrieben mit 1—3 Zuchttieren (vorwiegend Nordwestdeutschland)
57,9% Kleinbetrieben mit 4—20 Zuchttieren (vorwiegend Südwestdeutschland)
13,5% Mittelbetrieben mit 21—100 Zuchttieren (vorwiegend Süd-, Mittel- und Ostdeutschland)
2,1% Großbetrieben mit mehr als 100 Tieren.

Als gute Erfolge der Silberfuchszucht in Deutschland vorhanden waren, sah man sich nach anderen wertvollen Pelzträgern um und versuchte 1926 erstmalig die Zucht des Sumpfbibers. Aber noch 1928 dürften nach Walther [32] kaum mehr als ein Dutzend zuchtfähige Metzen in Europa vorhanden gewesen sein. Dann setzte allerdings ein starker Import von Zuchttieren ein, der ihre Preise unerhört ansteigen ließ.

Als möglich und auch wirtschaftlich erwiesen sich weiter die farmmäßige Haltung und Vermehrung von Nerz, Waschbär, Weißfuchs, Blaufuchs, Kreuzfuchs, Edelmarder, Steinmarder, Skunk, Biber, Opossum, Nasenbär, Marderhund u. a.

Silberfuchs und Nerz fanden die stärkste Verbreitung während die vereinzelten Sumpfbiber damals noch gar nicht erfaßt werden konnten.

Heute dagegen hat sich das Zahlenverhältnis in Deutschland zugunsten des Sumpfbibers verschoben. Dann folgen Nerz, Silberfuchs, Blaufuchs und Waschbär.

In den Jahren 1925—1928 erlebte die Pelztierzucht in Deutschland ein „fanatisches Aufblühen", wie RÖDEL [25] schreibt, dem nach 1930 ein Zusammenbruch folgte, der die Pelztierzucht fast völlig vernichtet hat. Die Fellpreise sanken in dieser Zeit auf $^{1}/_{5}$ bis $^{1}/_{7}$ des ursprünglichen Wertes, und diesen unnatürlichen Fellpreisen paßten sich auch die Zuchttierpreise an. Zu derselben Zeit hatte auch die eigentliche Zucht ihre ärgsten Kinderkrankheiten durchzumachen und mancher „Züchter" wurde darüber belehrt, daß er falsch am Platze war. So finden wir in den Jahren nach der Krise nur noch jene Betriebe lebensfähig vor, die rechtzeitig erkannt hatten, daß eine Pelztierzucht nur dann existenzberechtigt ist, wenn der Betrieb auf Fellbasis aufgebaut wird. Diese Betriebe waren es auch, die im Laufe der Jahre, dank des züchterischen Fleißes und Geschickes des Besitzers, nicht nur leistungsfähige Zuchtstämme schufen, sondern auch die Rauchwarenindustrie mit heimischen Erzeugnissen der Pelztierzucht versorgten, die seitens der Fachleute kaum noch besondere Wünsche offenließen, und so das Fundament eines neuen Wirtschaftszweiges schufen.

Die ersten Zuchtjahre hatten aber auch gezeigt, daß Mißerfolge in der Zucht, vor allem Verluste durch unbekannte Krankheiten und Seuchen, nicht ausblieben. So war für den Aufbau einer gesunden Pelztierzucht die Mitarbeit der Wissenschaft nicht zu entbehren. Zu diesem Zweck wurde 1926 die Reichszentrale für Pelztier- und Rauchwarenforschung gegründet. Aufgabe dieser Vereinigung war nach § 2 der Satzung: „Förderung und Erforschung der Hege, Haltung und Zucht von Pelztieren, sowie Untersuchungen über Pelztierfelle und deren Verwertung (Zurichten, Färben und Verarbeiten)".

Diese Aufgaben sollten vor allem durch Bereitstellung von Geldmitteln für sämtliche an der Pelztier- und Rauchwarenforschung nachweisbar systematisch mitarbeitenden Stellen erreicht werden. So wurde die Forschungsstelle für Pelztierkunde in Tharandt/Sa. zum größten Teil aus den Mitteln der Reichszentrale unterhalten. Durch sie kam auch eine große Zahl von Wissenschaftlern mit dem Gebiet der Pelztierzucht in Berührung. Leiter der Forschungsstelle in Tharandt war der Vorstand des zoologischen Institutes der Forstlichen Hochschule in Tharandt, Professor Dr. H. PRELL. Professor Dr. H. NACHTSHEIM vom Institut für Vererbungsforschung der Landwirtschaftlichen Hochschule Berlin-Dahlem besuchte mit E. STAKEMANN, Tierzuchtdirektor der Landwirtschaftskammer für Ostpreußen, norwegische Farmen und gab Berichte darüber. Professor Dr. R. DEMOLL, München, darf als Urheber der Einrichtung von Pelztierfarmen in Deutschland gelten.

Professor Dr. HENSELER, München, sprach auf der Herbsttagung der DLG 1925 in Königsberg (Ostpr.) über die Anfänge der Pelztierzucht in Deutschland. Professor Dr. HINZ forschte auf dem Gebiet der Seuchen- und Krankheitsbekämpfung bei Pelztieren.

Professor Dr. RICHTER stellte Fütterungsversuche an einem Nerz an.

Die Fachliteratur für Pelztierzucht gab Zeugnis von den Fortschritten auf diesem Gebiet.

Die Fachzeitschriften „Die Pelztierzucht“, Leipzig, und „Der Deutsche Pelztierzüchter“, München, deren 33. Jahrgang im Jahre 1959 erscheint, berichteten monatlich über alle Fragen der Pelztierzucht. Daneben erörtern u. a. Rauchwaren-, Kürschner-, Jagd-, Forst- und Landwirtschaftliche Zeitschriften die verschiedenen Fragengebiete der Pelztierzucht.

Einen umfassenden Vergleichsmaßstab und Überblick über den Leistungsstand gab die IPA (Internationale Pelzfach- und Jagdausstellung) 1930 in Leipzig, der damaligen Metropole für Fellhandel und Fellverarbeitung. Die IPA sollte dem Fachmann Belehrung und Fortbildung vermitteln und darüberhinaus bei den Besuchern Verständnis wecken für das Wesen der Jagd, der Pelztierzucht und für die vielgestaltige Rauchwarenwirtschaft.

Auf eine gesunde Basis gestellt, von ernsthaften Züchtern betrieben und unter Mitarbeit der Wissenschaft erholte sich die Pelztierzucht von der Krise und nahm einen ständigen Aufschwung. Statistiken aus diesen Jahren entstammen den Erhebungen der Reichsfachgruppe Pelztierzüchter e. V. mit Sitz in Berlin, die im Frühjahr 1933 nach Liquidierung aller anderen Verbände die Führung übernahm. Ihre Zahlen beweisen ebenfalls, ohne allerdings etwas über Schwierigkeiten und Rückschläge im Einzelnen auszusagen, die Akklimatisationsfähigkeit aller Pelztierarten und die Möglichkeit ihrer Farmhaltung und Weiterzucht in Deutschland.

Nach 1937 fehlen ausführliche statistische Unterlagen der Reichsfachgruppe. Aus ihnen wäre ein enormes Ansteigen der Sumpfbiberzucht nachzuweisen gewesen, ebenso das Verschwinden aller übrigen Pelztierarten außer Edelfüchsen, Nerzen, Waschbären und Karakulschafen bis auf Einzeltiere an Marderhunden und Marderartigen (Edel-Steinmarder, Iltis, Fischotter).

Der 2. Weltkrieg und seine Folgen gingen nicht spurlos an der deutschen Pelztierzucht vorüber.

Viele Farmen von zum Militärdienst eingezogenen Züchtern gingen zugrunde. Bomben und Kampfhandlungen vernichteten Farmanlagen und Tierbestände.

Die Zweiteilung Deutschlands trennte die Züchtergemeinschaft und ließ die Entwicklung der Pelztierzucht in Ost und West sehr unterschiedlich vorangehen.

Dabei verlangt die liberale Wirtschaft im Westen unserer Heimat großes züchterisches, aber auch geschäftliches Können von den Züchtern. Gut und billig muß dort produziert werden, um den umfangreichen ausländischen Einfuhren entgegenzutreten. Trotzdem erliegen immer mehr Pelztierzuchtbetriebe diesem Wettbewerb. Absatz- und Einkaufsgenossenschaften schützen ihre Mitglieder. Sie haben aber harte Kämpfe mit Zollbehörden einserseits und mit dem Fellhandel und der fellverarbeitenden Indusrtie andererseits auszufechten [12].

Wir finden aber in Westdeutschland, gefördert durch ihre schwierige Lage, ein weitgehendes Zusammenhalten der Züchter, das durch die Zuchtverbandsarbeit, Genossenschaften, Leistungsschauen und eine gute Fachzeitschrift gefördert wird.

Die Wiederbelebung der Pelztierzucht in der damaligen sowjetischen Besatzungszone stieß auf große Schwierigkeiten bei der Fleischfutterbeschaffung und der Materialversorgung.

Es bestand zunächst keine Klarheit darüber, wo und wie die Pelztierzucht in den Rahmen der Wirtschaft eingefügt werden sollte. Hinzu kam, daß bei der Sozialisierung der Wirtschaft ein volkseigener Sektor entstand, den zunächst ein Großbetrieb, die Silberfuchs- und Nerzfarm in Plau in Mecklenburg bildete.

Die häufige Neueingliederung der Pelztierzucht in eine andere Dachorganisation sowie das Fehlen einer Fachzeitschrift hemmten bisher die züchterische Weiterentwicklung.

Der Fellabsatz bereitet in der DDR für die Züchter keine Schwierigkeiten und die Fellpreise für gute Qualitäten stehen durchaus in einem gesunden Verhältnis zu den Erzeugerpreisen. Darüberhinaus werden für jedes abgelieferte Fell Futtermittel zur Verfügung gestellt. (A. O. v. 15. 12. 1955 GBl. Teil I Nr. 112).

2. *Volkswirtschaftliche Bedeutung*

Im Welthandel stellen Felle und Pelzwaren einen beachtlichen Faktor dar. Es kann damit gerechnet werden, daß die Weltproduktion nahe an 5,5 Millionen Nerze, 100000 Silberfüchse, 50000 Blaufüchse und 1,1 Millionen Sumpfbiber herankommt [2].

Bereits im Januar 1955 wurden in den USA von Großhändlern für 40 bis 50 Millionen Dollar allein Nerzfelle aufgekauft [3].

Schweden produziert aber selber jährlich 14000 Silberfüchse, 10000 Blaufüchse und ca. 400000 Nerze [2]. Der Zuchttierbestand in der UdSSR beläuft sich auf etwa 80000 Silberfüchse, 20000 Blaufüchse, 40000 Nerze und eine erhebliche Zahl von Zobeln, Bibern, Mardern u. a.

In der DDR kann man die Zuchttierbestände der einzelnen Pelztierarten im Jahr 1956 ungefähr schätzen auf:

3500 Silber-, Platin- und Blaufüchse (ab 1. 1. 1957 bedeutend weniger)
6000 Nerze
26000 Sumpfbiber
60 Waschbären.

Daraus würde sich eine Jahresproduktion ergeben von:

10500 Edelfuchsfelle	im Werte von	2,62	Mill. DM
19400 Nerzfelle	im Werte von	2,91	Mill. DM
126000 Sumpfbiberfelle	im Werte von	5,04	Mill. DM
120 Waschbärfelle	im Werte von	0,004	Mill. DM
156020		10574000	DM

Es würden also aus der farmmäßigen Edelpelztierzucht jährlich über 10,57 Mill. DM Rohfelle geliefert werden [17].

Dem eigenen Konsum fehlen aber noch jährlich eine große Zahl Felle, die importiert werden müssen. Dabei handelt es sich in der Hauptsache um Persianer und Kanin für Oberbekleidung und um Futterware. Der volkseigene Sektor der Edelpelztierzucht wurde beauftragt, den gesamten Pelzbedarf in der DDR selber zu decken [30].

Die Lösung dieser Aufgabe wird Schwierigkeiten in der Beschaffung von Fleisch, Schlachtabfällen, Blut, Fisch und Fischabfällen überwinden müssen, ohne die Futterwerbung für die Schweinemastanstalten zu gefährden.

Entsprechend dieser Aufgabenstellung wird eine starke Entwicklung der volkseigenen Pelztierzucht einsetzen. Der allgemeinen Tendenz des Weltmarktes folgend, liegt dabei das Hauptgewicht auf der Nerzzucht. Die Sumpfbiber sind mit ca. 75% an dem Zuchttierbestand der DDR vertreten, verlieren aber sehr stark an Bedeutung.

Allmählich wird sich auch die Haltung von Edelpelztieren in landwirtschaftlichen Produktionsgenossenschaften Bahn brechen. Die Facharbeiterfrage ist dabei ausschlaggebend für den Erfolg oder Mißerfolg dieses Wirtschaftszweiges in den LPG.

3. Organisation der Pelztierzucht

Die Organisation der Pelztierzucht in der DDR hat sich jetzt dahingehend geklärt, daß die Züchter des privaten Sektors die Sparte Edelpelztiere in dem Verband der Kleingärtner, Siedler und Kleintierzüchter bilden. Im Jahre 1955 hat sich die Zentrale Fachkommission für Edelfuchs-, Nerz- und Nutriazüchter konstituiert, deren Vorsitzender eng mit der Hauptabteilung „Tierische Produktion“ des Ministeriums für Land- und Forstwirtschaft in Berlin zusammenarbeitet.

In weiterer Aufgliederung finden wir die Bezirksfachkommissionen, die z. Zt. noch nicht in allen Bezirken der DDR arbeitsfähig sind. Ebenfalls bestehen nicht generell die Kreisverbände, vielmehr haben sich interessierte Züchter ohne Berücksichtigung der Grenzen der staatlichen Verwaltungskreise zu Kreisverbänden zusammengeschlossen.

Der volkseigene Sektor der Pelztierzucht hat nach wie vor trotz seiner horizontalen Ausbreitung den Leitbetrieb, nämlich die VE.-Pelztierfarm Appelburg bei Plau in Mecklenburg, behalten. Dieser große Betrieb mit Außenfarmen in Rostock (Nerze), in Bergen auf Rügen (Nerze) untersteht verwaltungsmäßig der Vereinigung Volkseigener Güter. Die VE-Sumpfbiberfarm Lauer bei Leipzig untersteht der staatlichen Forstverwaltung.

Die Dachorganisation der Pelztierzüchter in der Bundesrepublik Deutschland ist der im Jahre 1949 gegründete VDP e.V. (Verband Deutscher Pelztierzüchter). Seine Mitglieder sind nicht die Einzelzüchter, sondern die Landesverbände, die den Kreisgruppen übergeordnet sind. Die Gebiete der Kreisgruppen entsprechen den jeweiligen politischen Kreisen.

Am 19. April 1955 hat sich der alte VDP in der Bundesrepublik aufgelöst und am gleichen Tag wurde ein neuer VDP E. V. i. V. mit Sitz in Hamburg gebildet. Ihm gehören aber nur die Landesverbände Schleswig-Holstein und Hamburg, Berlin, Oldenburg, Westfalen und Hannover an, während die südlichen Landesverbände sich aus Gründen der Benachteiligung ihrer Interessenvertretung im Vorstand fernhalten. Sie haben sich zunächst in einer Süddeutschen Arbeitsgemeinschaft zusammengefunden.

Unabhängig von dieser Verbandsbildung existieren einige ADKPZ (Arbeitsgemeinschaft Deutscher Kleintier- und Pelztierzüchter).

Die wenigen Chinchillazüchter der Bundesrepublik gründeten im Jahre 1953 die Chinchillavereinigung mit Sitz in München.

II

A. Die Akklimatisation der Edelfüchse und Nerze in Deutschland

In der Pelztierzucht können wir den Vorgang der Akklimatisation nicht trennen von dem gleichzeitig und fortlaufend sich vollziehenden Vorgang der Domestikation. Diese beiden Vorgänge sind so eng miteinander verflochten, daß wir kaum imstande sind, alle Veränderungen an den Pelztieren sowohl anatomischer, physiologischer als auch psychologischer Art in jedem Fall als eine Folge entweder der Akklimatisation oder der Domestikation zu erkennen.

Im engsten Sinne des Wortes verstehen wir in der Tierzucht unter Akklimatisation die Rassenanpassung an eine neue Umwelt, ohne Einbuße an alten Leistungen und Eigenschaften.

Es taucht hier der Begriff der Rasse auf, den wir zunächst für die Pelztiere klären müssen, und zwar für diejenigen Arten, die in großer Zahl und mit großem wirtschaftlichen Nutzen farmmäßig gezüchtet werden. Dazu gehören die Edelfüchse und Nerze.

Rasse bezeichnet eine Gruppe von Tieren, die sich durch den Besitz einer Anzahl gleicher, wesentlicher Eigenschaften auszeichnen, die erblich sein müssen und im Gleichgewicht stehen und sich in diesen Eigenschaften von anderen Tieren gleicher Art unterscheiden. Auch bei Edelfüchsen und Nerzen können wir eine ganze Anzahl von Rassen unterscheiden.

Die Pelztierzüchter gehen sehr sparsam mit dem Begriff „Rasse" um, und wenden ihn bestenfalls dann an, wenn sie unterschiedliche Tiergruppen verschiedener Ursprungsgebiete bezeichnen, also verschiedene geographische Rassen.

Nun entwickelte sich aus den wildfarbigen Ursprungsrassen eine große Fülle von verschiedenen Farbrassen, und das besonders jetzt im Stadium der sogenannten Mutationszucht in der Pelztierzucht. Hier sprechen die Pelztierzüchter von Farbtypen, Farbvarietäten oder Farbschlägen oder Mutationstypen usw.

Da sich diese Tiere aber nicht nur durch ihre erbliche, oft sehr abweichende Veränderung der Beschaffenheit und Farbe des Felles von den Ausgangstieren unterscheiden, sondern mit dieser Fellveränderung oft eine erbliche Veränderung der Ernährungs- oder Fortpflanzungsphysiologie, eine erbliche Resistenz oder häufiger erkennbar eine erbliche Disposition für Krankheiten verbunden ist, müssen wir bei diesen Tiergruppen vom tierzüchterischen Gesichtspunkt aus von Rassen sprechen.

Das Heimatland des Silberfuchses (vulpes fulva argentata) ist vorwiegend der nördliche Teil des amerikanischen Kontinents. Seine Verbreitung erstreckt sich dort von den ostkanadischen Inseln über das Hudson-Bai-Gebiet, Labrador, Alaska bis zum nördlichen Britisch-Columbien. Ein weiteres Vorkommen auf den Aleuteninseln, sowie in Nordostsibirien ist für die Silberfuchszucht selbst von wenig Bedeutung, denn alle in den europäischen Ländern und in dem europäischen Teil der Sowjetunion gezüchteten Silberfüchse stammen ursprünglich aus Nordamerika. Es besteht heute kein Zweifel darüber, daß der Silberfuchs eine melanistische Abart, mutativ entstanden, des Rotfuchses darstellt und zwar unabhängig von bestimmten klimatischen Gebieten, denn derartige Schwarzfüchse sind auch im Kaukasus und in den amerikanischen Mittel- und Südstaaten, besonders häufig in Florida und im Mississippigebiet beobachtet worden.

Die Silberung der Grannen, die natürlich auf schwarzem Haaruntergrund besonders deutlich hervortritt und dadurch dem Schwarzfuchs den Namen Silberfuchs eintrug, besteht unabhängig von der Grundfarbe des Felles. Unsere heimischen Rotfüchse sind gleichfalls zum Teil gesilbert, nur fällt es auf dem Rot der Haare nicht deutlich auf.

Die kanadisch-amerikanische Silberfuchszucht entstand unabhängig voneinander in verschiedenen Gegenden in den achtziger Jahren des vorigen Jahrhunderts. Ihr Ausgangsmaterial ist daher nach Ursprung der Wildformen ebenfalls verschieden. Vorwiegend sind hier zwei Rassen in Erscheinung getreten: Der kanadische Silberfuchs — der sog. Standard Strain, und der Alaskasilberfuchs — Alaska Strain.

Diese beiden Rassen, die sich genetisch sehr fremd stehen, sind hervorragend an der Begründung der Silberfuchszucht in Deutschland beteiligt. Jedoch setzte sich der kleinere, feinere, im Haar weichere kanadische Fuchs in Deutschland durch. Aus diesem wiederum entstand mutativ der Platinfuchs. Bei der Platinfuchszucht liegt eine besondere Art der Gebrauchskreuzung vor, und zwar einer ständigen Kreuzung zwischen Platinfuchs und Silberfuchs. Rein läßt sich der Platinfuchs nicht weiterkreuzen, weil mit der Farbmutation ein Letalfaktor rezessiv verbunden ist, der die Frucht während der Trächtigkeit abtötet, bzw. die Welpen nicht lebensfähig geboren werden.

Weitere Mutationsrasssen in der Fuchszucht, die aber bisher wenig Bedeutung erlangt haben, sind: Weißhals, Weißgesicht, Opal, Perlfuchs und Pastellfuchs.

Aus der Gattung der Stinkmarder zählt der amerikanische Nerz oder Mink (*Mustela lutreola vison* L.) zu den wertvollsten farmmäßig gehaltenen Tieren. Der Nerz kommt oder kam in fast allen Ländern der nördlichen Erdhälfte vor. Am zahlreichsten lebt er heute in Nordamerika und findet sich dort vom äußersten Alaska im Nordwesten und von Neufundland im Osten über ganz Kanada hin allerdings nicht nördlicher als bis zum 60. Breitengrad, bis an die Südgrenze der Vereinigten Staaten.

Man kann den nordamerikanischen Nerz in 13 geographische Rassen einteilen, von denen jedoch die meisten für uns belanglos sind. Auch stimmen die Angaben über die einzelnen Rassen nicht überein. In der Praxis ist man davon abgegangen, die früheren Rassenbezeichnungen beizubehalten und nannte später alle Alaska- und Yukonnerze „Yukon-Valley Minks“. Die Nerze südlich des Yukongebirges heißen „Rocky Mountains Mink“, die im oberen Mississippital und den Staaten Michigan, Ontario, Pennsylvanien und New York „Central Mink“. Eine andere Einteilung unterscheidet nur zwischen Groß- und Kleinnerz. Sie zählt zu den Großnerzen die Nerze der Felsengebirge sowie der Länder östlich und westlich davon, der Zentralstaaten und des westlichen Kanada bis Alaska. Kleinnerze dagegen sind diejenigen, die in den Neuenglandstaaten und Ostkanada vorkommen. Gegenwärtig unterscheidet man nur noch Alaskanerz und Quebec- oder Standardnerze.

Die in Europa gezüchteten Nerze lassen sich nur selten noch auf die ursprünglichen Rassen zurückführen. In den ersten Jahren wurden nach Deutschland viele sog. Alaskanerze importiert, große, teilweise mittelbraune, teilweise aber auch dunkle Nerze, die im allgemeinen ein ziemlich grobes und nicht genügend rauches Fell trugen. Heute wissen wir, daß es sich dabei fast durchweg um die geringwertigen Zentralnerze aus dem Mississippigebiet handelte. Echte Alaska- oder Yukonnerze dürften wohl in sehr geringer Zahl nach Europa gekommen sein; sie werden auch in den USA und in Kanada ziemlich selten gehalten.

Wesentlich besser waren die im Laufe der Zeit unter dem Namen „Quebecnerz“ zu uns gekommenen Tiere. Allerdings wurden auch unter diesem Namen sicherlich sehr viele Tiere eingeführt, die mit dem echten Quebecnerz wenig zu tun hatten. Erst verhältnismäßig spät haben sich einzelne Nerzzüchter darauf besonnen, wirkliche reinrassige Tiere aus bestimmten Teilen Kanadas nach Mitteleuropa zu bringen und hier rein weiterzuzüchten. Aus solchen Tieren sind unsere guten deutschen Standardnerzlinien hervorgegangen.

Die Zucht der in Europa beheimateten Nerze, die als Nörz (*Mustela lutreola* L.) bezeichnet werden, hat sich nirgends ausgebreitet.

Über die Gestaltung der Fütterung und Haltung in dem Heimatgebiet kann wenig ausgesagt werden. Ein Einfluß von dieser Seite aus hat zu kurze Zeit auf die Tiere eingewirkt, um nachhaltig zu sein.

Mit den ersten Transporten nach Europa kamen auch wenig Erfahrungsberichte oder Anleitungen für Fütterung und Haltung mit zu uns. Teilweise entstammten die Tiere sogar Wildfängen oder der F_1 Generation von Wildtieren. Die Züchter versuchten zunächst in der Gestaltung der Umweltverhältnisse den Tieren möglichst natürliche Bedingungen zu schaffen.

Beispielsweise wurden einzelne Zuchtpaare an Silberfüchsen in umzäunte Gehege mit einer Fläche von 250 m² gesetzt und ihnen Pferdeviertel als Futter vorgeworfen.

Welch ein Unterschied zu den heute gebräuchlichen Gehegen mit den Grundmaßen 5 × 1 m bzw. 2,25 × 1 m und täglichen Futterrationen von durchschnittlich 500 g, die aus 20 verschiedenen Futtermitteln zusammengesetzt sind.

Besonders starke Bedenken wurden geäußert wegen des unterschiedlichen Klimas in Nordamerika und in Deutschland. Es besteht selbstverständlich ein Unterschied. Dazu schreibt SCHMIDT ([26], S. 43):

Ort	Temperaturen		
	∅ Jan.	∅ Juli	Jahres-durchschnitt
Winnepeg	—30,5°	19,1°	0,4°
Battleford	—11,0°	18,9°	3,9°
Prince-Edward-Inseln	— 7,4°	18,7°	5,9°
Neu-Schottland	— 5,5°	17,5°	5,8°
Oslo	— 4,5°	17,0°	5,5°
ehem. Königsberg	— 2,7°	17,5°	7,0°
Oberstdorf	— 4,0°	15,2°	7,6°
Plau i. Meckl.*)	— 2,1°	16,9°	7,5°
Meiningen	— 2,0°	16,9°	7,6
Husum	— 0,2°	16,4°	7,8

*) Dreijähriger Durchschnitt der Wetterstelle VE-Pelztierfarm Appelburg, Tab. 1

Dabei zeigen die ostkanadischen Inseln verhältnismäßig geringe Abweichungen gegenüber den kalten Gegenden Deutschlands. Gerade die seidigen, feinhaarigen Silberfüchse stammen von diesen ostkanadischen Inseln, während Füchse aus dem kälteren Inneren des Kontinents häufig zum Grobsein des Haares neigen. Die besten Füchse Skandinaviens stammen aus dem milden, feuchten Mittelschweden. Sibirien liefert die guten Felle aus dem milderen ussurischen Küstengebiet. Deshalb hält Demoll ein Gebiet mit einem Februardurchschnitt von —1 ° C zur Anlage einer Fuchsfarm für günstig.

Den sichtbaren Ausdruck dieser Möglichkeit finden wir in der Verbreitung der Silberfuchszucht und Nerzzucht überall in Deutschland, klimatisch begünstigt allerdings in den Küstengebieten oder Seenplattengebieten.

Die besonders starke Ausbreitung der Nerzfarmen in den Küstengebieten wird außerdem durch die günstige Futtergundlage an Seefischen und Seetieren erklärt.

Aus den bisherigen Erfahrung läßt sich schließen, daß ein ganzjähriger hoher Luftfeuchtigkeitsgehalt sich auf die feine Felltextur bei Füchsen und Nerzen günstig auswirkt.

Im allgemeinen kann man für Füchse sagen, daß ein Standortwechsel von kälterem Klima in wärmeres Nachteile für die Fellentwicklung zur Folge hat, wie ein umgekehrter Wechsel Vorteile mit sich bringt. Klimatisch benachteiligte Verhältnisse können durch erhöhten Aufwand an Fütterung und Pflege ausgeglichen werden, beeinträchtigen letzlich aber doch die Rentabilität eines Zuchtbetriebes.

Die Bodenfrage in der Pelztierzucht ist von untergeordneter Bedeutung, sobald der Forderung nach ausschließlicher Hochgehegehaltung auch in der gesamten Fuchszucht Rechnung getragen wird.

In der Darstellung der Akklimatisation gehen wir von fünf Kriterien aus, deren erstes die Erhaltung der Gesundheit ist.

Dazu sei gesagt, daß die fremdländischen Edelpelztiere in Deutschland gegen krankmachende Einflüsse von außen nicht anfälliger sind als in ihrer Heimat. Im Gegenteil. Viele Krankheiten treten in Deutschland nicht auf, weil hier nicht ihre spezifischen Erreger oder Zwischenwirte als Überträger vorkommen.

So berichtet Chandler, daß er in Michigan gelegentlich eine Trichomonasart in Füchsen gefunden habe. Im Blute von Füchsen Russisch-Turkestans hat Jakimoff 1917 eine unbekannte Art von Theibria (in roten Blutkörperchen vorkommend) aufgefunden ([5], S. 22).

Von der Vielzahl der Trematoden, die 1930 von Freund [5] beschrieben in Darm und Lunge parasitieren, ist heute in Deutschland praktisch keine Art mehr bei Füchsen und Nerzen nachweisbar.

Eine Reihe von Cestoden werden als in Wildfüchsen gefunden beschrieben. Der *Echinococcus granulosus Rudolphi* (1805) sei besonders genannt wegen seines Vorkommens in Füchsen Alaskas. In der Praxis der deutschen Pelztierzucht ist es ruhig um diese Parasiten geworden.

Immerhin behalten die Darmnematoden noch große Bedeutung, wenn es auch nur einzelne Arten sind wie *Toxocara canis* von den Askariden, während *Toxocara mystax* und *Toxascaris leonina* nur aus kanadischen Füchsen bekannt sind.

Ebenso verhält es sich mit den Ankylostomiden. Gelegentlich führt der Befall mit *Uncinaria stenocephala* noch zu Verlusten in deutschen Fuchsfarmen. Der Lungenparasit *Capillaria aerophila* erfordert als einziger einer großen Zahl der Lungennematoden der Pelztiere noch Beachtung in unseren Fuchszuchten wie der Blasen- und Nierenparasit *Capillaria plica* von allen Nierennematoden.

Eine Reihe von Beispielen ließe sich für die Ektoparasiten aus den Gruppen der Arachnoiden und Insekten anführen.

Die nach Deutschland gebrachten Pelztiere werden von Krankheiten besonders Seuchen und Parasiten also in dem Maße befallen, wie eine Disposition dafür auf Grund der farmmäßig konzentrierten Unterbringung eine Infektion mit bei uns vorhandenen Erregern fördert.

Immer noch auftretende Krankheiten und Parasitenbefall sind keine Akklimatisationsschwäche, sondern zum größten Teil die Folge einer nachlässigen Pflege und unsachgemäßen Fütterung der Tiere, deshalb wird ein Züchter mit Erfahrung und Verständnis für die Tiere selten einen Tierarzt in Anspruch zu nehmen brauchen.

Staupe, Tuberkulose, Paratyphus, Lungenentzündungen, Magen- und Darmentzündungen, Gelbsucht, Endo- und Ektoparasiten treten bei den Pelztieren in Deutschland in gleichem Maße auf wie bei unseren Hunden, Katzen, Kaninchen und Großtieren. Sie haben oft die gleichen Erreger, stammen aus den gleichen Quellen, und die Therapie hat gleiche Erfolge bzw. Mißerfolge wie bei anderen Haustieren.

Auffallend ist das Auftreten von Gesundheitsstörungen bei farbigen Nerzrassen. Diese Tatsache möchte ich eher als Zuchtschäden degenerativen Charakters bezeichnen, als der Akklimatisation zuschreiben. Eine mutative Veränderung der für die Farbausbildung — oder verteilung verantwortlichen Gene ist ein derart komplizierter physiologisch-biologischer Vorgang, der in der Regel nicht nur die Abänderung dieses Gens oder dieser Gengruppe allein betrifft, sondern gekoppelt an diese werden noch weitere mutative Änderungen, dazu recht oft in unerwünschter Weise, verursacht. Als Beispiele derartig ausgelöster rassegebundener Erbschäden seien hier etwa die Langgrannigkeit, die Flattrigkeit des Felles herbeiführt, genannt oder der sog. Screw neck d. h. Schraubenhals beim Pastellnerz, eine auf Nervenstörungen beruhende Erscheinung. Wir finden bei einigen Stämmen der Aleutenblauen Nerze die Bluterkrankheit. Auch eine angeborene Verdauungsschwäche und allgemeine Konstitutionsmängel, die eine Anfälligkeit gegenüber Infektionen in sich bergen, zeigt diese Farbrasse, vor allem in dem ersten Entwicklungsstadium.

Bei dem homozygoten Stewart Platinum-Nerz wurde Sterilität festgestellt. Nicht zuletzt sei auch der Letalfaktor des Rauhreifnerzes erwähnt, bei dem, analog der Platinfuchszucht, bisher homozygote Tiere nicht mit Erfolg verpaart werden konnten, weil das doppelte Zusammentreffen dieses spezifischen Gens zum frühzeitigen Absterben der Frucht führt.

In der Zusammenfassung des zu diesem Punkt Gesagten stellen wir fest, daß die Erhaltung der Gesundheit bei Füchsen und Nerzen in Deutschland gewährleistet ist. Im allgemeinen ist eine starke Konstitution auch nach dem Standortwechsel erhalten geblieben.

Ein weiteres Kriterium der Akklimatisation ist die Erhaltung der Leistungshöhe.

Die spezielle Leistung der Pelztiere ist ihr Fell. Wenn wir von den anderen Haustieren behaupten, daß Haut und Fell ein Spiegelbild der Gesundheit des Tieres darstellen, so hat das gleiche Bedeutung für die Pelztiere.

Nun haben wir eben gesehen, daß die gute Gesundheit unter normalen Verhältnissen beibehalten worden ist und können daraus schon schließen, daß die Fellausbildung nicht schlechter als in der Heimat der Tiere sein wird. Im allgemeinen stimmt das auch, wenn auch eine hohe Fellqualität in klimatisch weniger begünstigten Lagen durch verbesserte Haltung und Fütterung erhalten werden muß.

Es kann bewiesen werden, daß die Pelztiere nach einigen Generationen farmmäßiger Zucht und Haltung ihre wilden Artgenossen im Fell weit übertreffen. Darüber berichtet z.B. einer der Pioniere der Pelztierzucht in Deutschland, M. Lecht [18]. Er gibt an, daß der wilde sibirische Silberfuchs, von der einheimischen Bevölkerung „tschornybury" genannt, wegen seiner schwärzlich-rotbraunen Tönung im Pelzhandel verpönt ist. In Farmen hatten die Nachkommen dieser Tiere bald ein tiefschwarzes, rauches Fell mit guter Silberung, also mit allen Eigenschaften, die ein gutes Fell kennzeichnen.

Dieses Ergebnis bringt allerdings keinen Beweis für eine gelungene Akklimatisation. Es gibt andere Beispiele. Stakemann und Horn ([29], S. 261) berichten u. a.: „die Pelzentwicklung ist hier (in einer deutschen Farm. D. Vf.) ganz vorzüglich in Bezug auf Deckhaar wie auch auf Unterwolle." „Für die Fellentwicklung kommt erst das Futter, die Größe des Zwingers und dann erst das Klima in Frage." An anderer Stelle: „ Es ist eine ganz besondere Pelzverbesserung gegenüber den Importtieren festzustellen" und: „Nach unseren ganz genauen Feststellungen ist die Pelzentwicklung eine absolut gleichwertige wie bei Farmpelztieren in USA oder Kanada. Importtiere erhielten das darauf folgende Jahr einen wesentlich besseren Balg als im Importjahre. Dies ist speziell bei Nerzen zu beobachten. Ausgesprochen helle Nerze dunkeltem im folgenden Jahre recht erheblich nach. Gegen Sonnenstrahlung muß durch Rohrmatten abgedeckt werden."

Dieser letzte Satz weist darauf hin, wie es auch in Wirklichkeit ist, daß die Verbesserung der Qualität durch Züchtung und unter Zuhilfenahme besonderer Kniffe, wenn man so sagen darf, erzielt werden, und nicht nur auf Grund des Standortwechsels. Außerdem wird nicht allein dadurch eine offensichtliche Verbesserung der Fellqualität herbeigeführt worden sein, sondern es wurden wahrscheinlich Jungtiere importiert, die dann im nächsten Jahr, also in ihrem zweiten Lebensjahr, ein besseres Fell bekamen. Die gleiche Erscheinung, daß nämlich im 2. Lebensjahr das Fell besser ist als im ersten, können wir bei unseren Silberfüchsen und Nerzen beobachten.

Entscheidend ist jedoch, daß die künstliche Auslese mit größtem Erfolg einem eventuellen natürlichen Rückgang der Fellqualität in der neuen Umwelt entgegenarbeiten kann. Das allein beweist doch schon, daß sich die Tiere biologisch der neuen Umwelt angepaßt haben und nun mit verständnisvoller Menschenhand geformt werden können.

Ein natürlicher Rückgang der Fellqualität ließe sich vermuten bei einem Vergleich der wildlebenden Rotfuchsformen in Nordamerika, in Sibirien und in Deutschland, wobei der deutsche Rotfuchs ein sehr flaches Fell trägt und man aus dieser Erscheinung schließt, daß unser Klima auch bei den importierten Silberfüchsen ein derartiges flaches Fell hervorbingen wird. Aber das schließt nicht aus, daß bei optimalen Fütterungs- und Haltungsbedingungen die Pelztiere in Deutschland teilweise beste Qualitäten aufweisen und durchaus auf dem Weltmarkt konkurrieren können.

Es sei noch darauf hingewiesen, daß die Werteinschätzung der Felle vollkommen subjektiv erfolgt und sehr großen Schwankungen unterliegt. So kann in einem Jahr ein gutes rauches, vollsilbriges Fuchsfell einen hohen Preis bringen und schon im nächsten Jahr nur mit der Hälfte der Erzeugungskosten bezahlt werden, weil plötzlich lange, silbrige Felle nicht mehr modern sind und keinen Absatz finden, wie es 1945 in den USA war. Einer krassen Richtungsänderung unterliegen auch die Farbrassen der Nerze, wie auch die einzelnen Tierarten selber abwechselnd bevorzugt werden. Seit 1946 stehen die Nerze weit an der Spitze, während Silberfüchse und Blaufüchse kaum Nachfrage haben und Sumpfbiberzüchter verbissen darum kämpfen, wieder Bedeutung zu erlangen. Diese Dinge erfordern eine große Elastizität, zu Zeiten aber auch ein geduldiges Abwarten der Züchter.

Die nächste Bedingung der Akklimatisation ist die Erhaltung der Reinheit der Zucht. Wir können heute wohl von einer Rassenreinzucht, als der allgemeinsten Form der Reinzucht bei den Füchsen und Nerzen sprechen, da sich im Laufe der nun über 30 Jahre ausgeübten Pelztierzucht in Deutschland klare Rassen herausgeschält haben. Daß zu Beginn der Pelztierzucht in Deutschland Vermischungen von Tieren verschiedener geographischer Ursprungsrassen vorgekommen sind, steht außer Zweifel. Beispielsweise erfolgte eine außerordentlich vielfarbige Aufspaltung in der F_1 der Kreuzung Standardsilberfuchs × Alaskasilberfuchs ([26], S. 24). Derartige sichtbar abweichende Färbungen des Felles wurden natürlich ausgemerzt und mit großer Hartnäckigkeit auf Tiere bester Silberfuchsqualitäten selektiert. Es gab auch Züchter, die selber ihre Zuchtfüchse in Kanada kauften, bzw. dafür sorgten, daß gute Füchse der Standard Strain-Rasse nach Europa kamen. Und wie wir schon sahen, dürfen gerade diese als Ausgangmaterial für die gesamte weitere Silberfuchszucht angesehen werden unter Verdrängung alles anderen schlechten oder vermischten Tiermaterials.

Ähnliches sagte ich schon vorher über die Nerze. Diese jetzt einwandfreien echten Rassen züchteten rein weiter bis in die heutige Zeit, und wir finden sie in sogen. Mammutfarmen in einer hervorragenden Ausgeglichenheit des Exterieurs und der Leistung.

Die Gewährleistung der Fortpflanzungssicherheit wird als weitere Bedingung für eine Akklimatisation gestellt. Sie findet ihren Ausdruck in dem regelmäßigen normalen Wurf- und Aufzuchtsergebnis der weiblichen Tiere und in der Zeugungsleistung der Vatertiere. Dabei ist eine hohe Wurfleistung entscheidend wichtig für die Leistungsfähigkeit und Rentabilität eines Zuchtbetriebes. Aber in dieser Frage gibt es unter normalen Verhältnissen keine Bedenken. Dazu ein Beispiel aus der Silberfuchszucht.

Ein Betrieb in Deutschland begann im Jahre 1921 seine Zucht mit 4 originalkanadischen Zuchtpaaren, die im Frühjahr 1922 keine Nachzucht brachten. Es erfolgte eine weitere Zufuhr von 2 Zuchtpaaren. Die Produktion waren 8 Welpen, von denen 3 aufgezogen wurden. Diese Tiere brachten schon im Jahre 1925 27 Welpen, bis das Ergebnis durch Einfuhr neuen Materials im Jahre 1925 stark gedrückt wurde, und im Jahre 1926 von 16 Paaren nur 25 Welpen fielen. In den folgenden Jahren erhöhten sich die Ergebnisse bis zu der normalen Wurfgröße von 3 bis 5 Welpen pro Wurf. Daraus wurde geschlossen, daß die Fruchtbarkeit dem Grad der Akklimatisation proportional ist und in mehreren Perioden zu erfolgen scheint, die folgendermaßen spezifiziert wurden ([1], S. 24):

1. Periode	1. Zuchtjahr	Temporäre Sterilität
2. Periode	2. u. 3. Zuchtjahr	Stark verminderte Produktion, große Mortalität der Aufzucht, Milchmangel der Fähen
3. Periode	4. u. 5. Zuchtjahr	Untere Grenze der normalen Fortpflanzung, Milchmangel
4. Periode	6. Zuchtjahr	Mittlere normale Fortpflanzungstätigkeit

Wenn diese Periodizität in den zwanziger Jahren, in denen noch große Unklarheiten über Fütterung und Unterbringung der Füchse bestanden haben, gültig war, so trifft das heute nicht zu. Zwei Jahre hintereinander kam u. a. eine größere Zahl von Silberfüchsen und Nerzen aus Farmen der weiteren Umgebung von Moskau nach Appelburg bei Plau i. Meckl. Nach 2 bzw. 3 Monaten Aufenthalt am neuen Standort gingen die Tiere in die Ranz, dabei 95% der Rüden und 80% der Fähen mit Erfolg. Milchmangel der Fähen gab es nicht, die Mortalität der Welpen bewegte sich in den Grenzen des Normalen. Die Zahl der erfolgreichen Fähen steigerte sich im zweiten Jahr und erreichte normale Höhe.

Einige statistische Angaben mögen diesen Abschnitt ergänzen.

Aus Angaben des Jahres 1930 geht hervor, daß von allen geborenen Welpen nur 77% aufgezogen werden konnten. Das hat sich heute geändert, denn anhand von 3000 nachweisbaren Verpaarungen der Jahre 1942 bis 1951 in Appelburg konnte festgestellt werden, daß in diesen Jahren im Durchschnitt 94,3% aller Welpen bei Füchsen aufgezogen werden konnten, bei Nerzen sogar 96,7%.

Etwa 98% aller Fähen werden in der bei Füchsen und Nerzen nur einmal im Jahr auftretenden Ranz gedeckt. Davon bleiben durchschnittlich 12,8% der Fuchsfähen und 1,93% der Nerzfähen leer (vgl. Anhang S. 103 u. 107)

Etwa 95% aller Fuchs- und Nerzrüden decken überhaupt bei polygamer Zuchtverwendung. Von diesen wiederum 86,6% mit Erfolg bei Füchsen und 97,6% mit Erfolg bei Nerzen (vgl. Anhang S. 106 u. 108).

Die Wurfgrößen betragen bei Silberfüchsen durchschnittlich 4 Welpen, bei Standardnerzen 5 Welpen. Wenn also in der Praxis über 85% aller Zuchtfähen bei Silberfüchsen und 96% aller Zuchtfähen bei Standardnerzen normale Würfe bringen, dann dürfte die Fortpflanzungssicherheit als gewährleistet gelten.

Diese Zahlen scheinen außerordentlich günstig zu sein, rechnet doch JOHANSSON ([7] S. 89) mit einem Ausfall von 20% aller Zuchtfähen bei Nerzen.

Als letztes Kriterium der Akklimatisation sei etwas über das Fortpflanzungstempo gesagt. Hier sind bisher dem Einwirken des Menschen Grenzen gesetzt. Füchse und Nerze sind so konservativ in dem Termin ihrer Ranz, daß der von der Natur vorgeschriebene Zyklus eines Zuchtjahres nicht zu sprengen ist. Trotzdem wurde vor längerer Zeit bereits versucht, eine zweite Ranz der Füchse herbeizuführen. 16 Silberfüchsen wurden im Sommer 25 Tage hintereinander eine Kombination von Hirnanhangsdrüsen- und Eierstockshormonen gegeben. Danach traten Anzeichen der Ranz auf, Schwellungen der äußeren Geschlechtsorgane und Ähnliches. Zu einem Deckakt ist es jedoch nicht gekommen ([26], S. 188). Er wäre vermutlich auch ohne Erfolg geblieben, denn die Erfahrung zeigt, daß auch in der normalen Ranzzeit der Füchse und Nerze eine kleine Nachhilfe seitens des Menschen durch Injektion eines Hormonpräparates wohl zu einem Deckakt führen kann, die Trächtigkeit aber ausbleibt. Diese Maßnahme wird in ganz seltenen Fällen bei Fähen angewandt, die sich durchaus nicht decken lassen wollen, wobei die Ursache meist in einer Funktionsstörung der inneren Geschlechtsorgane zu suchen ist.

Die Züchter sind also fest an den jahreszeitlichen Termin gebunden. Es erfordert eine gute Beobachtungsgabe und viel Geschick, um bei der polygamen Zucht bei jeder Fähe den Zeitpunkt zu erkennen, an dem ein Deckakt zustande kommen wird. Eine Silberfuchsfähe ist in der Zeit von Ende Januar bis Anfang März bestenfalls 3 Tage dazu geneigt. Werden die Tage verpaßt, dann ist die Fähe „durchgegangen", wie man sagt, und scheidet für ein Jahr aus der Zucht aus. Nerzfähen werden ab 10. März bis Ende März gedeckt und nach verschiedenen Zwischenräumen, häufig nach 7 Tagen, nachgedeckt.

Die nach einer Trächtigkeitsdauer von 52 Tagen bei Silberfüchsen und von 40 bis 65 Tagen bei Nerzen geborenen Jungtiere sind zur Zeit der im folgenden Jahr eintretenden Ranz voll geschlechtsreif und werden verpaart, wenn sie zur Zucht ausgewählt wurden. Sie bringen also auch in den Farmen Deutschlands ihrer Natur entsprechend ohne Stockung Nachwuchs. Somit wird auch die letzte Bedingung erfüllt.

Eine Rassenanpassung an die neue Umwelt hat bei den Pelztieren ohne Einbuße an alten Leistungen und Eigenschaften stattgefunden. Die Akklimatisation der Silberfüchse und Nerze in Deutschland darf damit als gelungen bezeichnet werden.

B. Die Domestikation der Silberfüchse und Nerze

1. Die Bildung neuer Rassen auf der Grundlage der Mutations- und Kombinationszucht

Wir stellten fest, daß das nach Europa gebrachte Tiermaterial teilweise Wildbeständen entstammte. Es konnte also von phäno- und genotypischen Veränderungen durch Züchtung nicht die Rede sein.

Darüber hinaus führte das Zeitalter der Spekulation in der Pelztierzucht zu einer Stagnation in der züchterischen Bearbeitung der importierten Tiere. Wir können deshalb von einem allerersten Stadium der Domestikation sprechen.

Nach Koch ([11], S. 5) treten mutative Domestikationserscheinungen etwa 25—30 Generationen hindurch nach Beginn der Domestikationsperiode auf. Dieser Zeitpunkt ist etwa bei Silberfüchsen und Nerzen erreicht und es könnte mit dem verstärkten Auftreten von Mutationen gerechnet werden.

In sehr krasser Form treten dabei Veränderungen der Haarfarbe auf. Derartige Abweichungen stechen natürlich zunächst hervor, werden teilweise auch Ausgangspunkte neuer Rassen. Eine hierauf aufbauende Rassenbildung können wir heute, wo uns die Grundlagen dafür bekannt sind, in kürzester Zeit lenken und das erreichen, wozu beim Kaninchen Jahrhunderte, bei anderen Haustieren Jahrtausende erforderlich waren, nämlich einwandfreie, leistungsfähige Farbrassen.

Eine „Klassische" Reihenfolge der Farbabweichungen, ausgehend von der Wildfarbigkeit, stellte Nachtsheim [20] auf in Anlehnung an seine erbanalytischen Untersuchungen an Kaninchen.

Danach sind die ältesten und häufigsten Mutationen bei Kaninchen entweder eine gleichmäßige und intensive Färbung des ganzen, zunächst zonenweise pigmentierten Haares, dann entsteht als Endprodukt ein melanistisches, ein schwarzes Tier. Andererseits kann die Pigmentierung überhaupt verlorengehen, kann schließlich ein albinotisches, ein weißes Tier entstehen.

Auf den Sumpfbiber (*Myocastor coypus* Mol.) eingehend ist Nachtsheim mit Walther „ davon überzeugt, daß es sich bei dem Melanismus des Sumpfbibers, ebenso wie bei dem des Kaninchens und der meisten anderen Säuger, um ein gegenüber der Wildfarbigkeit rezessives Merkmal handelt." ([20], S. 38).

Der Silberfuchs ist eine melanistische Mutation des Rotfuchses. Nachtsheim betont ausdrücklich, daß die Silberung ein selbständiges Merkmal ist, das ebenso wie beim Kaninchen mit der Schwarzfärbung nichts zu tun hat.

Bei der Weiterzucht der Silberfüchse gleicher geographischer Herkunft traten keine Rückschläge auf, die ein Tier roter Färbung hervorbrachten. Sie waren und sind also tatsächlich homozygot. Wohl aber erbrachte die Kreuzung von Silberfüchsen geographisch verschiedener Herkunft eine Aufspaltung. So berichtet Schmidt ([26], S. 24) über die Verpaarung vom Kanadischen Silberfuchs mit Alaskasilberfuchs. In F_1 fielen nur rotfarbige Kreuzfüchse, allerdings mit weniger intensiver Färbung als Kreuzfüchse aus der Kreuzung Alaskasilberfuchs $\times$ Rotfuchs. In F_2 erfolgte eine weitere Aufspaltung in 9 genetisch verschiedene Fuchsfarben, darunter auch homozygote Rotfüchse. Heute ist der Melanismus eine konsolidierte Eigenschaft unserer deutschen Silberfuchsrasse.

Aus der Sowjetunion sind Anfänge von Zuchtversuchen mit albinotischen Füchsen bekannt, über die aber nur bis zur F_1 aus P = Albinofähe $\times$ Rotfuchsrüde berichtet wird. Diese Kreuzung brachte 4 rote Rüden ([20], S. 64). Es haben derartige Anfänge nirgends Verbreitung oder Bedeutung erlangt.

Eine weitere Farbmutation ist in dem Platinfuchs entstanden, der um das Jahr 1935 zum erstenmal in Amerika und Europa (Oslo) auf Auktionen gehandelt wurde. Er soll schon vor 20 Jahren gelegentlich in den Handel gekommen sein, doch hat man ihn anscheinend damals gar nicht beachtet.

Die ersten lebenden Platinfüchse kamen zwischen Weihnachten und Neujahr des Jahres 1940 aus Norwegen nach Deutschland und zwar nach dem ehem.

Zechendorf in Westpreußen und nach Appelburg b. Plau. Auf dem Wege der Kreuzung (Platin × Silberfuchs) gelang die Vermehrung in Zechendorf, während in Appelburg zunächst keine Erfolge erzielt wurden. Nachdem neues Platinfuchsmaterial von Zechendorf nach Appelburg geliefert und hier jetzt stark vermehrt wurde, kann Appelburg als Ursprungsort der gesamten deutschen Platinfuchszucht angesehen werden.

Auf die Besonderheit dieser Zucht wurde bereits hingewiesen. Es konnte an 235 untersuchten Kreuzungen von Platinfuchs × Silberfuchs, bei den hieraus gefallenen Welpen ein primäres Farbverhältnis von P:S = 496:538 (92,2:100) festgestellt werden. Da jeweils ein heterozygoter Platinfuchs mit einem homozygoten Silberfuchs gepaart wird, liegt auf Grund dieses Ergebnisses eine Dominanz von Platin über Schwarz vor, wenn wir die Merkmale eines Platinfuchses kurz mit „Platin" bezeichnen wollen. Wenn wir nur ein Gen für die Ausbildung der Platinfärbung verantwortlich machen, so können wir mit einem einfachen Schema den theoretischen Nachweis führen:

♂/♀	P	p
P	PP	Pp
P	PP	Pp

Ausgangstiere jeder der 235 Verpaarungen waren ein Silberfuchs PP und ein heterozygoter Platinfuchs Pp.

Es fallen also 50% homozygote Silberfüchse und 50% heterozygote Platinfüchse, die dann wieder mit Silberfüchsen verpaart werden.

Nicht ganz klar ist die Wirkung des Letalfaktors. Die Erfahrung zeigt, daß die Verpaarung zweier Platinfüchse Pp keinen Nachwuchs bringt, eben weil die Früchte absterben oder Welpen lebensunfähig geboren werden.

	P	p
P	PP	Pp
p	Pp	pp

75% der Welpen, nämlich die 25% homozygoter Silberfüchse und 50% heterozygoter Platinfüchse müßten lebensfähig sein, wenn der an p gekoppelte Letalfaktor bei dem Zusammentritt in pp wirksam wird. In der Praxis kommt es aber erst gar nicht so weit aus o. a. Gründen.

Obwohl wir von Tieren einer Rasse verlangen, daß sie für die rassebedingenden Merkmale homozygot sind, möchte ich doch auf die Platinfüchse den Begriff Rassc anwenden, wegen der großen Zahl der ausgeglichenen Individuen, die wir darin zusammenfassen können und wegen der Möglichkeit, sie sicher, wenn auch auf Umwegen, zu vermehren.

Andere Farbmutationen wie Weißgesicht-, Opal-, und Pastellfuchs oder ein Kombinationsprodukt von Platinfuchs, Silberfuchs und Rotfuchs, der sog. Goldplatinfuchs haben keine Bedeutung erlangt, können auch erbanalytisch nicht klar von anderen Fuchsrassen abgegrenzt werden.

Sehr viel reger hat eine derartige Entwicklung in der Nerzzucht eingesetzt.

Bei den folgenden Ausführungen über die Zucht farbiger Nerze liegt besonders die Arbeit von Kulbach [15] zugrunde.

Die Grundlage der Nerzzucht bildet der dunkelbraune Standardnerz, der ganz klar als Rasse zu definieren ist.

Aber auch bei dieser Tierart traten plötzlich Abweichungen in der Farbe des Felles auf, sowohl in freier Wildbahn als auch in Farmbetrieben, wie bereits 1929 aus Kanada berichtet wurde. Derartige Abweicher mußten sofort ausgemerzt werden, weil die Satzung des Verbandes unter Androhung des Ausschlusses verlangte, daß nur reinrassige Tiere auf einem Farmhof gehalten werden durften. Erst im Jahre 1931 haben beherzte Züchter derartige farbige Nerze behalten und mit der Methode der Inzucht in langjähriger Arbeit zunächst die Rasse Platinum-Nerz herausgezüchtet, dessen Fell heute als „Silberblauer-Nerz" gehandelt wird. Als Begründer dieser Zucht kann Mr. William Whittingham aus dem Staate Wisconsin gelten, der 1931 in einem Wurf seiner Standardzucht eine blau-grau gefärbte Jungfähe vorfand, die er im nächsten Jahr mit einem ihrer Söhne paarte, woraus u. a. zwei, in der Farbe der Mutter gleiche Welpen fielen. Auf diese Tiere baute er den Platin-Stamm auf, der heute noch als Whittingham-Strain bekannt ist. Eine andere Platinlinie nahm 1935 den gleichen Anfang in der Farm von Charles Whitaker aus Wisconsin.

Im Jahre 1942 erzielte ein „Silberblauer" Nerzpelz in Amerika den Preis von 18000 Dollar. Das heißt also, daß die Mode sich dieses neuen Pelzes bemächtigte, und die starke Nachfrage die Zucht dieses Nerzes lohnend gestaltete.

Mit zu den ersten bedeutenden Farbnerzen gehört der „Rauhreifnerz", der bei L. R. Gorham aus Edmonton, Kanada, in einem Wurf von Standard-Eltern fiel. Noch 1939 von den Körrichtern als Nerz mit „baumwollartiger Unterwolle" abgelehnt, hat er heute weite Verbreitung gefunden und bildet auf Grund seiner in das dunkelfarbige Deckhaar eingesprengten weißen Grannen die Grundlage für die sog. „Frühlingshauch-Typen". Eine Einordnung als Rasse geschieht unter den gleichen Vorbehalten wie bei dem Platinfuchs, weil auch beim Rauhreifnerz keine Reinzucht wegen des ähnlichen Letalfaktors erfolgen kann.

Die dominierende Stellung unter den Farbnerzen nimmt im Augenblick der Pastell-Nerz ein, der erstmalig 1936 in dem Betrieb von Davids in Kanada festgestellt wurde. Davids zeigte seine Produkte erst 1943 in Toronto in zwei Typen, beide blond, mit schöner blauer Unterwolle, der eine Typ mit Silberung, mit einem Streifeneffekt über der Rückenlinie, der andere Typ ohne Silberung, marderähnlich.

In diese Gruppe gehört weiter der rotäugige „Palomino-Nerz", ein rahmfarbiger Nerz, der sich durch einen dunkelbraunen Rückenstreifen auszeichnet.

Heute kennt die Nerzzucht und der Fellhandel eine Vielzahl von Farbrassen, die sich gruppenweise recht erheblich voneinander in der Farbe unterscheiden, wobei innerhalb der Gruppen aber oftmals nur sehr feine Nuancen oder Effekte festzustellen sind.

Die Einteilung nach Farbgruppen hat besonders für den Handel Bedeutung. Nach neueren Angaben wird die Einteilung, die von der Emba (Mutations Mink

Breeder Association), der führenden amerikanischen Züchtervereinigung für Farbnerze diktiert wird, folgendermaßen gehandhabt:

Es werden gehandelt als

Emba Argenta (Silbernerz)	die Platinums Frühlingshauch-Platinums Stewart-Platinum
Emba Autumn Haze (Herbstnebel)	Naturbraune Nerze Braunäugiger Pastell Grünäugiger Pastell Frühlingshauch-Pastell Stewart-Pastell Imperial-Pastell, Ungava
Emba Desert Gold (Wüstengold)	Rotäugiger Pastell und alle anderen besonders hellen Pastellnerze Topas
Emba Cerulean	Saphir Frühlingshauch-Saphir Stewart-Saphir
Emba Lutetia	Aleute Frühlingshauch-Aleute
Emba Lutetia	Aleute
Emba Royal Kohinur	Schwarzkreuz-Nerze
Emba Bluefrost	Rauhreif- oder Silberzobel-Nerz
Emba Jasmine	Naturweißer Nerz

Diese Aufstellung ist nach dem heutigen Stand nicht vollzählig und teilweise umgeändert auf keinen Fall allgemeingültig. Es soll damit lediglich die Fülle der bestehenden Farbrassen angedeutet werden. Es fehlt hierbei die ganze Gruppe der weißen Nerze.

Züchterisch wird das ganze Gebiet der Zucht farbiger Nerze nach dem genetischen Verhalten der Farbrassen zu dem Standardnerz und untereinander eingeteilt. Während die zu treffenden züchterischen Maßnahmen und deren voraussichtliche Ergebnisse bei dominanten (gegenüber dem Standardnerz) und rezessiven (gegenüber dem Standardnerz) Nerzrassen zu übersehen sind, wird die genetische Seite bei doppelt dominanten bzw. doppelt rezessiven Nerzrassen verwirrend, die sowohl gegenüber dem Standardfaktor als auch gegenüber dem anderen Farbfaktor dominant bzw. rezessiv sind. Diese Rassen entstehen aus der Kombination zweier Farbrassen, dabei in den seltensten Fällen durch Kreuzung dieser beiden Rassen als vielmehr über sog. Trägertiere.

Im westlichen Ausland erleichtern übersichtliche Tafeln die Zuchtarbeit mit Farbrassen. Auf diesen Tafeln sind die Gensymbole jeder Farbrasse angegeben und gleichzeitig ihre Stellung zu dem entsprechenden Symbol des Standardnerzes wie Tab. 2 andeutet.

Die Einordnung in genetische Gruppen erfolgt für die wichtigsten Farbrassen folgendermaßen:

Es gehören zu den dominanten Rassen:

Rauhreif-Nerz
Schwarzkreuz-Nerz
Royal Silber-Nerz
Osborn Panda-Nerz

Columbia-Nerz
Baldy-Nerz
Ebenholz-Nerz
Stewart-Platinum-Nerz

Doppelt dominante Rassen sind:

„95 Prozent Weiß"-Nerz
Schneeweißer Nerz

Rezessive Rassen:

Platinum-Nerz
Imperial-Platinum -Nerz
Stahlblauer Nerz
Aleuten-Nerz
Albino-Nerz
Pastell-Nerz

Doppelt rezessive Rassen:

Saphir-Nerz
Eric-Nerz
Platin-Blond-Nerz

Außerhalb dieser Ordnung werden einige Kombinationsrassen geführt sowie eine Gruppe von Nerzen mit besonders sorgfältig auf rein blaue Unterwolle durchgezüchtete Standardstämme, zu denen Azurblaue-, Kobuk- und Diamond-Nerze gehören.

Aus diesen unvollständigen Angaben geht hervor, daß in einem Zeitraum von 20 Jahren eine Art Goldrauschpsychose die geschäftstüchtigen Nerzzüchter befallen hat und eine umfangreiche Farbskala an Nerzfellen der Mode zur Verfügung steht, die in sehr kritischer und leider auch sehr wechselnder Auswahl die eine oder andere Farbe bevorzugt.

Hierbei muß wichtig sein, die Sicherheit zu erkennen, mit der die vielen Nerzfarben identifiziert werden können. Wir dürfen annehmen, daß alle bekannten Nerzfarben züchterisch durchgearbeitet und gefestigt wurden. Die Sicherheit der Royal-Pastell-Nerze und der Platinum-Nerze in dieser Richtung finde ich aus eigenen Beobachtungen bestätigt. Beide sind ja rezessive Mutationen, die in einfachem Erbgang zu verfolgen sind. Die beobachteten Verpaarungen von homozygoten Eltern brachten einfarbige, homozygote Welpen, wie zu erwarten.

Pastell × Pastell	Platinum × Platinum
bb bb	pp pp
100% bb (n = 39)	100% pp (n = 53)

Die Kreuzungen mit Standardnerzen erbrachten 100% standardfarbige Welpen.

Pastell × Standard (n = 14)	Platinum × Standard (n = 17)
bb BB	pp PP
100% Bb (n = 46)	100% Pp (n = 62)

Da Standard dominant ist, mußten die heterozygoten Welpen standardfarbig sein. Bei Rückkreuzungen auf Farbrassen fielen standardfarbige und mutationsfarbige Welpen in regellosem Verhältnis in den wenigen Kreuzungen, die in Appelburg zunächst ausgeführt werden konnten.

TABELLE 2

Erbbilder von Mutationsnerzen

nach GERHARD ENSKAT, Altkehdingen, entnommen aus „Der Deutsche Pelztierzüchter“, 27. Jahrgang Nr. 5

Farbphase	Genotyp												
Standardnerz	PP	II	AA	BB	GG	BiBi	CC	HH	OO	ff	ss	mm	ee
Platinum	pp												
Steelblue	pSp	oder pSpS											
Imperial Platinum		ii											
Aleute			aa										
Royal-Pastell (braunäug.)				bb									
Pastell (grünäugig)					gg								
Imperial-Pastell						bibi							
Albino							cc						
Hedlund Weißer								hh					
Goofus									oo				
Rauhreif										Ff			
Schwarzkreuz											Ss		
Colmira												Mm	
Ebony													Ee
Frühlingshauch-Platinum	pp									Ff			
Aleute			aa							Ff			
Pastell				bb						Ff			
Colmira Marked Pastell				bb								Mm	
Saphir	pp		aa										
Rotäugig. Pastell				bb	gg								
Braunäugig.-Imperial				bb		bibi							
Dominant Weißer										Ff	Ss		
										oder	SS		
											SS		
Weiße a. Kombination							cc						
						oder	cc		oo				

Pastell-Halbblut × Pastell (n = 16)
Bb bb

50% Bb und 50% bb
(n = 29) (n = 20)

Platinum-Halbblut × Platinum (n = 21)
Pp pp

50% Pp und 50% pp
(n = 45) (n = 33)

Der Vorteil dieser wie anderer rezessiver Mutationen ist der, daß die in der Mutationsfarbe anfallenden Nerze homozygot sind.

Zu erwähnen sei nochmals, daß oftmals Konstitutionsschwächen oder Letalfaktoren verschiedenster Wirkungen mit neuen Farbrassen auftreten und in einigen Fällen durch züchterische Maßnahmen eliminiert werden konnten.

Neben der geschäftlich spekulativen Seite dieser Nerzzucht kann ein gewisser Stolz nicht verleugnet werden, der jeden Tierzüchter bei der Kenntnisnahme dieser Dinge erfüllen muß. Erfahrung und Wissenschaft befähigen uns, natürliche Vorgänge fast in jeder beliebigen Richtung zu lenken und darüber hinaus völlig Neues zu schaffen. Dafür gibt dieses so wenig beachtete Gebiet der Pelztierzucht einen Beweis.

2. *Domestikationsveränderungen*

A. Morphologisch

Oft wird die Frage gestellt, ob nicht die Silberfüchse gegenüber den Rotfüchsen kleiner sind. Wenn wir an diese Frage anknüpfend eine Veränderung unserer heutigen Silberfüchse gegenüber der Wildform, aus der sie einstmals entstanden sind, feststellen wollen, müssen wir eine Plusabweichung vermerken.

Im Jahre 1956 gingen alle Zuchtfähen der Versuchsstation Appelburg mit einem durchschnittlichen Gewicht von 4,87 kg und die Zuchtrüden mit einem durchschnittlichen Gewicht von 6,03 kg in die Ranz. Das bedeutet gegenüber den mecklenburgischen Rotfüchsen, von denen wir eine Fähe und zwei Rüden zu dem gleichen Zeitpunkt mit 4,5 kg bzw. 5,8 kg zum Vergleich heranziehen können, keinen Rückgang in der Körpergröße.

Vermutlich werden die nordamerikanisch-kanadischen bzw. sibirischen Rotfüchse größer sein als die mecklenburgischen. Aber die Silberfüchse in Appelburg sind keinesfalls die größten Vertreter ihrer Art. Es ist bekannt, daß die Silberfüchse in der sowjetischen Farm „Saltykowka“ wahre „Löwen“ sind, die ihresgleichen suchen, und ihren wilden Artgenossen wie auch den dort heimischen Rotfüchsen in der Größe bei weitem überlegen sind [18].

Vergleichen wir die Normzahlen für Körpergewichte und Längenmaße verschiedener Pelztierarten aus alter Literatur mit den heutigen realen Zahlen bei Silberfüchsen und auch Nerzen, so stehen unsere Bestände an der oberen Grenze dieser Normen bzw. darüber. Selektion auf Tiere großer Körpermaße und gute Jugendernährung kann zu jeder Zeit die durchschnittlichen Tiergrößen steigern. Diese Praxis ist oft mit Erfolg geübt worden, meist aber auf Kosten der seidigen Fellstruktur. Das heißt, daß wir mit der Größe das Fell gröber machen.

Letzten Endes muß die Ausgangsfrage mit „nein“ beantwortet werden.

Es liegt die Vermutung nahe, daß Naturbeobachter vollrauche, ausgewachsene Rotfüchse im Winter sahen bzw. als Jagdbeute in Händen hielten und evtl. zu einer anderen Jahreszeit Farmsilberfüchse sahen, die ja besonders im Sommer klein und zierlich wirken, und daß von dieser Seite hin und wieder eingeworfen wurde, daß die Silberfüchse doch kleiner sind als Rotfüchse.

Exakte, vergleichende Untersuchungen liegen in zwei neueren Dissertationsschriften der Veterinärmedizin über Gebißreduktion und Gebißanomalien bei Silberfüchsen vor ([4] und [19]).

Unerwartet häufig treffen wir dabei auf das Fehlen des letzten Molaren im Unterkiefer. Es wird aber bewiesen, daß in gleichem Umfang diese Erscheinung bei Rotfüchsen auftritt [19].

Kulissenstellung der Incisivi und der Molaren sowie Überbiß durch anomales Längenverhältnis des Oberkiefers zu dem Unterkiefer werden als bemerkenswerte und stark verbreitete Anomalien des Silberfuchsgebisses festgestellt.

Derartige Fehler sind nicht der Domestikation zuzuschreiben und nicht allein deshalb, weil bei den wildlebenden Füchsen gleiche Beobachtungen gemacht werden. Der Farmsilberfuchs gebraucht sein Gebiß nicht weniger als der Wildfuchs. Spielerische und ernste Raufereien unter den Jungfüchsen im Gehege sind häufiger als in der Natur, zumal wenn die Würfe aus Raummangel lange zusammen gehalten werden, während sie in der Wildbahn Ausweichmöglichkeiten haben bzw. sich zur Zeit selbständig machen.

Das Farmfutter braucht in den meisten Fällen zwar nicht zerrissen zu werden wie ein Beutetier, aber die verabreichten Knochen oder Knochenstücke beanspruchen das Gebiß ziemlich stark.

Jeder Farmfuchs unternimmt je nach Charakter seltener oder häufiger Ausbruchversuche, besonders zur Nachtzeit. Den kräftigen Einsatz des Gebisses erkennt man dann morgens an dem zerfetzten Maschendraht bzw. zerbissenen Holzleisten.

Wird in einem Betrieb mit Fanggabeln gearbeitet, setzt der Fuchs jedesmal beim Fangen kräftig sein Gebiß gegen dieses Instrument ein. Ausgebrochene Zähne oder blutiges Gebiß sind oft der Erfolg.

Diese Hinweise mögen denjenigen zu denken geben, die einer minderen Beanspruchung des Gebisses des Farmfuchses das Wort sprechen.

Veränderungen des Gebisses und damit evtl. des Schädels durch Gebrauch oder Nichtgebrauch sind nicht zu erwarten. Fehlerhafte Gebisse können vielleicht durch veränderte Ernährung herbeigeführt werden, wofür bisher festgestellte Anomalien keinen Hinweis geben. Eher noch ist mit einer Veränderung der Struktur der Kiefernknochen und darüber hinaus aller Knochen des Skelettes zu rechnen.

Eine derartige Veränderung tritt uns von seiten der Fütterung entgegen und ist deshalb reversibel. Es wäre verfrüht, irgendwelche Befürchtungen an diese Hypothese zu knüpfen, zeigt uns doch das Beispiel Hund, daß die Gebisse auch der hochgezüchteten Rassen bei oftmals sehr stark von der natürlichen Ernährung ihrer Vorläufer abweichenden Fütterung durchaus in Ordnung sind.

Zu vermuten und auch teilweise schon zu beobachten ist eine Veränderung der Beinstellung bei Silberfüchsen. Die Ursache liegt dabei in der Haltung der Tiere auf Maschendrahtboden, die früher bei Jungtieren während der Aufzucht, heute nach Möglichkeit grundsätzlich durchgeführt werden sollte.

Die Nerze laufen bereits seit Beginn ihrer farmmäßigen Zucht auf Maschendraht. Bei diesen überaus flinken, tief auf dem Draht dahinhuschenden Tieren ist überhaupt eine Begutachtung der Beinstellung kaum möglich, scheint auch praktisch unnötig zu sein. Metrische Knochenuntersuchungen könnten hier etwas aussagen.

Anders liegen die Dinge bei Füchsen. Auch bei starkem Draht und engen Maschen treten die Tiere unsicher auf, finden nicht die „handfeste“ Unterlage für Ballen und Krallen. Eine als „Durchtrittigkeit“ bekannte Erscheinung nimmt deshalb bei Füchsen einen allgemein auftretenden Charakter an. Es ist nicht unwahrscheinlich, daß im Laufe der Jahre eine stärkere Winkelung der Vorderfuß- bzw. Hinterfußwurzelgelenke sich bis zur Sohlengängigkeit steigern kann. Das ist zunächst ein Formfehler, der in der Pelztierzucht keine Bedeutung hat, der aber beachtenswert wird, wenn in Verbindung damit eine Verbildung des Körperskelettes bzw. an Teilen von diesem eintritt und zu physiologischen Störungen führt. Zu denken ist dabei besonders an die Stellung des Beckens, deren Veränderung evtl. Geburtsschwierigkeiten herbeiführt.

B. Physiologisch

Die Leistungen der Silberfüchse und Nerze als Ausdruck der physiologischen Vorgänge unterliegen in ihren Veränderungen menschlicher Zuchtwahl und willkürlichen Umweltbedingungen. Über die Ausbildung guter Felle und über die Fruchtbarkeit wurde bereits in dem Abschnitt Akklimatisation berichtet.

Eine bemerkenswerte Umwandlung haben die männlichen Zuchttiere erfahren. Die Polygamzucht in der Silberfuchszucht nämlich wurde nicht vom Anfang an durchgeführt. Die einschlägige Literatur berichtet von der strengen Monogamie bei Füchsen, weshalb in den ersten Jahren Paarzucht betrieben wurde. Aus betriebswirtschaftlichen und züchterischen Gründen begonnene Versuche der breiteren Rüdenbenutzung hatten teilweise Erfolg. Heute wird nirgends auf der Erde in einer Silberfuchsfarm paarweise gezüchtet. In der Regel soll ein Jungrüde bis zu 5 Fähen, ein Altrüde etwa 10 Fähen decken. Temperamentvolle Rüden bringen es aber zu weit höheren Leistungen, ließe man ihnen freie Hand. Die Eigenschaft der Rüden, mehrere Fähen innerhalb der kurz befristeten Ranzzeit zu decken und nachzudecken und die dabei gezeigte physiologische Leistung, müssen als für die Züchtung positive Veränderung registriert werden.

Was die Ernährungsphysiologie anbetrifft, können keine Ausführungen über Abweichungen infolge der Domestikation gemacht werden. Wir wissen erst wenig darüber, wie hoch oder niedrig die Verdauung und Verwertung einzelner Futtermittel oder deren Rohnährstoffe bei Silberfüchsen und Nerzen ist, was sich im Laufe der „künstlichen“ Ernährung nach Erfahrungsnormen darin geändert hat. Grundsätzlich sind Fuchs und Nerz auch in Gefangenschaft vorwiegend Fleisch- bzw. der Nerz Fischfresser geblieben, die bei Nichtbeachtung dieser Tatsache rapide in ihren Leistungen nachlassen.

Nerventätigkeit und Sinnesorgane sind bei gesunden Tieren im allgemeinen in Ordnung und nach Beobachtungen nicht abweichend von den Wildtieren. In diesem Zusammenhang muß nochmals erwähnt werden, daß mit der Rassenbildung besonders bei Nerzen erbliche Konstitutionsschwächen degenerativen Charakters auftreten.

Eine scheinbare Disposition einiger Bestände für seuchenhafte Erkrankungen wie Tbc oder Staupe kann meistens auf einen in dieser Richtung vorarbeitenden Wurmbefall, Fütterungsfehler oder Futterschaden oder mangelhafte Hygiene bei engem Tierbesatz zurückgeführt werden. Deshalb ist es u. a. das Ziel eines jeden Zuchtbetriebes, seinen Bestand wurmfrei zu bekommen, was durch betriebswirtschaftliche in Verbindung mit therapeutischen Maßnahmen vielleicht möglich ist. Wir laufen aber Gefahr dabei, durch Sprengung der Symbiose zwischen Wirtstier und einigen Parasiten (z. B. *Toxocara canis*) in tiefere physiologische Zusammenhänge einzugreifen, deren Folgen zwar nicht chaotisch, aber in irgendeiner Weise eintreten werden. Dieser Gedankengang, der von WETZEL [34] für die Großtierzucht erläutert wurde, hat gleichfalls in der Pelztierzucht die genannte Bedeutung.

C. Psychologisch

Klar zu beobachtende Erscheinungen zeigen die Farmpelztiere in ihrer Psychologie.

Den stärksten Einfluß auf die Tiere übt dabei die ständige Berührung mit Menschen aus. Der Silberfuchs soll hier besonders betrachtet werden.

Wenn wir von Wildtiercharakter sprechen, dann zeigt sich dieser zu verschiedenen Zeiten und in verschiedenen Perioden unterschiedlich, und es ist durchaus nicht immer das Scheue das Charakteristische.

Dem Zyklus eines Zuchtjahres folgend, seien hierüber einige Beobachtungen berichtet.

In dem Zeitpunkt der Ranz und in dem Verhalten während der Ranz sind die Füchse so konservativ wie je. Wohl wurde die Polygamie der Rüden entwickelt, aber nicht jede Fähe nimmt den ihr aus züchterischen Gründen beigesetzten Rüden an. Vom passiven Widerstand bis zum wütenden Angriff erleben wir alle Stufen der Abwehr. Ein forscher Rüde bricht mit Gewalt den Widerstand. Entweder verletzt er die Fähe durch Bißwunden, oder sie flüchtet in den Fuchskasten und verriegelt mit giftigem Geschrei den Einschlupf mit dem Gebiß. Seltener läßt sie sich decken. Anders sieht das Bild in dem Zuchtgehege bei einer „heißen" Fähe aus, der der beigesetzte Rüde sympathisch ist. Ein Deckakt kommt hier meist schnell zustande. Alle diese Dinge beobachtet der Züchter von dem hohen Ranzturm aus, weil bei der Paarung die Nähe auch eines gut bekannten Menschen das Ranzgeschäft empfindlich stört.

Sehr unterschiedlich ist auch die Reaktion eines Rüden, der in ein Fähengehege gebracht wird, in welches vorher ein anderer Rüde gesetzt worden war. Ein „Abriechen" des Geheges bei Nichtbeachtung der Fähe, bösartige Angriffe auf die Fähe oder verstärktes Werben können eintreten.

Aus den verschiedenen Reaktionsmöglichkeiten der Rüden und Fähen kann ein Züchter verschiedene Tricks kombinieren, die ihn schnell oder gefahrlos zum Ziel bringen, nämlich möglichst alle Fähen mit wenig Rüden zu decken.

Nach vollzogenem Deckakt, bei dem die Füchse „hängen", wie es von Hunden bekannt ist, setzt ein spielerisches Herumtoben, meist seitens der Fähe ein, während der gleiche Zeitpunkt bei Nerzen sehr kritisch ist, denn in den allermeisten Fällen erfolgen scharfe Angriffe der Rüden auf die Fähen sofort nach vollzogener Paarung. Mit diesem Gefühlsausbruch mögen in freier Wildbahn die Rüden ihre Fähen zum Teufel jagen, im Gehege können die Fähen aber nicht weit entfliehen. Da muß der Züchter dann schnell die Paare trennen.

Während bis hierher die Wildtierinstinkte unverändert wirkungsvoll sind, bemerken wir in der folgenden Periode der Trächtigkeit schon leise das „Haustier".

Noch vor 10 bis 15 Jahren war es in dieser Periode strenger noch als zu anderen Zeiten Besuchern verboten, die Farmanlage zu betreten. In dem Endstadium der bei Füchsen 52 Tage dauernden Trächtigkeit durfte nur noch der Züchter selber bzw. in Großfarmen der Abteilungsleiter durch die Gehegereihen gehen. Obschon die Farmen weitab von jeder Verkehrsader angelegt waren, mußte jetzt absolute Ruhe herrschen. Ein in niedriger Höhe die Großfarm Zechendorf überfliegendes Flugzeug löste ein massenhaftes Verwerfen hochtragender Fähen bzw. ein panikartiges Verschleppen und Auffressen von Welpen durch die erregten Mutterfähen aus. Verhandlungen mit entsprechenden Dienststellen der Luftwaffe hatten ein Überflugverbot des Farmgeländes zur Folge. Damit soll ausgedrückt werden, welche Maßnahmen in früherer Zeit notwendig waren.

Folgten dann die ersten Würfe, wurden die Wurfkisten vorsichtig von außen abgehorcht und erst nach mehreren Tagen ein schneller Blick in das Nest gewagt. Unsinniges Schleppen der Welpen und Kannibalismus bei geringsten Störungen, oft auch ohne sichtbaren Grund, forderten hohe Verluste.

Dagegen heute: Eine gewisse Vorsicht hat sich bei den alten Züchtern eingeprägt und wird von ihnen in dieser Zeit bewahrt. Im allgemeinen hat sich aber eine Sorglosigkeit Bahn gebrochen, die tatsächlich von den Tieren akzeptiert wird. Die Belegschaftsmitglieder, oft auch abteilungsfremde Personen gehen unbekümmert in der Gehegeanlage ihrer Arbeit nach, die oft mit erheblichem Geräusch verbunden ist. Gegen stets wiederkehrende, auch laute Geräusche, sind die Füchse unempfindlich.

1954 wurde nur einige Meter von einer unserer Gehegereihen, die mit tragenden Fähen besetzt war, mit einem Pferdegespann unter lautem Erzählen der dabei Beschäftigten gearbeitet. Die Fähen zeigten sich eher neugierig als erschreckt.

1955 pflügte ein Trecker der MTS ein Stück Land, das an eine Gehegereihe mit frischen Würfen grenzte. Bei den letzten Furchen berührte der Trecker fast die Gehege. Die Mutterfähen hatten nie einen Trecker gesehen. Es erfolgte keine Panik, wie sie in früheren Jahren todsicher eingetreten wäre.

Die Mutterfähen standen an der Gehegewand und beobachteten halb neugierig, halb ängstlich das Fahrzeug. Nicht einmal ein Warnschrei wurde ausgestoßen, der häufig von Fähen mit Welpen abgegeben wird, wenn beispielsweise ein unbekannter Hund in den Gesichtskreis kommt, Fremde die Anlage betreten oder ein ausgebrochener Fuchs zwischen den Gehegen läuft. Ein Schleppen der Welpen kommt hin und wieder bei groben Störungen vor, dann aber in ruhiger Manier.

Kannibalismus kommt noch vor. Die Gründe sind meist in Ernährungsfehlern bzw. Krankheiten der Fähen zu suchen.

Ein morgens durch Abhorchen der Nestkisten festgestellter neuer Wurf wird sofort oberflächlich kontrolliert. Die Fähen verhalten sich ruhig dabei.

Es ist heute ein ganz seltenes Erlebnis, daß ein Rüde oder eine Mutterfähe einen ihr Gehege betretenden Wärter anfallen. Derartiges stand noch vor 15 bis 20 Jahren auf der Tagesordnung. Zu der Zeit konnten manche Rüdengehege nur mit der Peitsche in der Hand betreten werden.

Viele ältere Welpen und Alttiere kann man heute gleich in der Fuchskiste mit ruhigem Zureden im Genick packen und herausnehmen. Das ist allerdings lange nocht nicht die Regel, zählte früher aber zu den großen Seltenheiten.

Früher und heute hat es Einzeltiere gegeben, bzw. gibt es sie, die zahm geworden sind. Das sind Füchse, die als Welpen verletzt in Einzelpflege genommen, mit Namen und Leckerbissen bedacht, oft in Wärterräumen statt im Gehege aufwuchsen, oder als Zöglinge von Katzenammen in die Familiengemeinschaft der Menschen hineinwuchsen. Auf diesen Wegen konnten auch Rotfüchse aus freier Wildbahn gezähmt werden. Die Anhänglichkeit dieser Tiere an die ihnen vertrauten Personen ist größer und tiefer als die von zahmen Farmfüchsen. Auch unterscheiden gezähmte Rotfüchse sicherer zwischen ihnen bekannten Menschen und Fremden, denen gegenüber sie außerordentlich scheu sind.

Die Periode des Absetzens der Welpen und der Jungtieraufzucht erlaubt gefahrlos ein Begehen der Farm durch betriebsfremde Personen.

Die Rauflust entspringt dem Spiel, in Betrieben mit Mangelfütterung allerdings dem Lebenswillen. Innerhalb der Würfe wird eine gewisse Rangfolge eingehalten, wie etwa auf dem Hühnerhof. Der frechste Kerl ist dabei Diktator. Mit Geschrei und plötzlichen Angriffen behauptet er seine Position auch stärkeren Wurfgeschwistern gegenüber. Diese Beobachtungen kann man besonders klar bei der Fütterung machen.

Das Alter der Welpen von etwa 3 Wochen erfordert große Aufmerksamkeit. Die kleinen Tiere beginnen zu fressen und trauen sich auch schon mal aus der Kiste heraus in das Gehege. In ihrer Tölpelhaftigkeit beißen sie einander in die mit Futter beschmierten Pfoten, Ohren oder Kopf. Die scharfen Zähnchen dringen durch die Haut, auch durch die weiche Schädeldecke. Die blutende Wunde lockt die anderen Tiere herbei. Der Verletzte ist zur Abwehr oder Flucht noch zu unbeholfen. Er wird zerrissen.

Wird in älteren Würfen ein angefressenes Jungtier vorgefunden, so war dieses in den meisten Fällen krank, ohne daß der Wärter es bemerkt hat. Oder aber das Futter reicht nicht aus. Dann frißt der Rangälteste den größten Teil oder alles auf, die anderen bekommen nichts. Das gesteigerte Hungergefühl wirft die Rangordnung über den Haufen. Der Vollgefressene wird gejagt. Wenn nicht bei der Rauferei und Hetze eine innere Verletzung durch regelrechtes Platzen der Magenwand, Herzlähmung durch übermäßige Beanspruchung des durch den vollen Magen beengten Herzens eintritt, erliegt er den Bissen seiner hungrigen Geschwister und wird gefressen.

Derartige Dinge kommen natürlich heute noch vor, waren aber weit häufiger in der „wilden Zeit“ der Silberfüchse. Der Gesamteindruck des Charakters und des Verhaltens der Tiere zwingt den Schluß auf, daß die Füchse insgesamt bedeutend ruhiger und vertrauter geworden sind. Dabei gilt, je geringer die Tierzahl ist, die ein Wärter zu versorgen hat, desto enger wird der Kontakt zwischen Mensch und Tier, desto eher wird der Fuchs zum Haustier.

Eine gewisse Friedfertigkeit zeigen die Individuen einiger farbiger Nerzrassen. Die Standardnerze sind außerordentlich bissig, während beispielsweise die Platinnerze der Versuchsstation Appelburg sehr viel des wilden Temperaments und der Bissigkeit abgelegt haben. Ein Platinaltrüde kann wie ein Frettchen mit unbewehrter Hand im Genick gepackt werden, ohne Anstalten der Abwehr zu machen. Dieser Rüde ist nie in seinem Leben bevorzugt behandelt worden. Auch die Reaktionen der hier vorhandenen farbigen Nerze auf Reize mit einem Stock, einer Vogelfeder usw. sind fast phlegmatisch zu nennen.

Wenn es auch unter den Standardnerzen ruhige Tiere gibt, so ist ihnen nie zu trauen. Es ist überaus schwierig, die Psyche dieser kleinen Marderart kennenzulernen, bei ihnen gibt es immer wieder Überraschungen und Abweichungen von konstruierten Regeln.

III

Züchtungsbiologische Untersuchungen an Edelfüchsen und Nerzen unter besonderer Berücksichtigung einer Beziehung von Alter, Fruchtbarkeit und Fellqualität und der Umwelteinflüsse

A. Untersuchung der Fruchtbarkeit bei Silberfüchsen und Nerzen in den Jahren 1942 bis 1951 in Appelburg

Um eine Grundlage für die speziellen Untersuchungen zu schaffen, mußten zunächst an einem möglichst großen Tiermaterial und über mehrere Jahre hinweg die lokalen Verhältnisse und Leistungen der Tiere fixiert werden. Dabei interessierte besonders

die Wurfleistung, Aufzuchtleistung und Zeugungsleistung bei Füchsen und Nerzen in Appelburg etwa in den letzten 10 Jahren,

die Leistungen in den verschiedenen Alterstufen der Tiere und

etwa bestehende Differenzen bei verschiedenartigen und verschiedenaltrigen Verpaarungen, wobei ein Altersunterschied zwischen Rüden und Fähen von mindestens 4 Jahren vorliegen mußte.

Die Ergebnisse hierzu sollten hinweisende Bedeutung haben, stimmen aber überein mit den späteren eingehenderen Untersuchungen.

Die ersten Untersuchungen wurden angestellt unter Zuhilfenahme der Karteikarten der im Jahre 1952 auf der Ve.-Pelztierfarm Appelburg gepelzten Füchse und Nerze und der Karteikarten aller im Jahre 1953 in der Versuchsstation für Pelztierforschung Appelburg und der Ve.-Pelztierfarm Appelburg vorhandenen Füchse und Nerze.

Hierzu muß bemerkt werden, daß die Gründlichkeit der Eintragungen in die Karteikarten sehr zu wünschen übrig läßt. Auf einigen Betrieben ist auch der Inhalt der Karteikarten unzulänglich und es geht praktisch nur daraus hervor welche Nummer das Tier hat, und wer seine Eltern sind. Ein annähernder Leistungsnachweis für das Tier selber sowie eine Leistungsbeurteilung der Vorfahren fehlt meistens, ist doch aber entscheidend wichtig für eine wirkliche Zucht. Ahnentafel und Zuchtkarteikarten oder Zuchtbücher sind das Handwerkszeug des Züchters. Das muß in Ordnung sein. Dieser Frage muß in der Praxis weit mehr Beachtung geschenkt werden.

Unter diesen Verhältnissen sind auch eine wissenschaftliche Auswertung oder statistische Erhebungen entweder gar nicht möglich oder aber ungenau.

Dieser Arbeit hätte bei Nichtvorhandensein dieser Mängel sehr viel mehr wertvolles Material zugrunde gelegt werden können.

Die Ergebnisse bei Füchsen

1. Feststellung der durchschnittlichen Wurfleistung bei normalen Verpaarungen zwischen Silberfüchsen

Bei diesen Untersuchungen mußte auf die gleichzeitige Feststellung der Aufzuchtleistungen verzichtet werden, weil auf den wenigsten Karteikarten Bemerkungen angeführt waren, die etwas über die Aufzucht, über Verlust oder Vorhandensein der geworfenen Welpen aussagten. Hier, wie bei allen anderen Untersuchungen wurden unter 0 Welpen im Wurf alle die Fähen eingerechnet, die gedeckt aber leer geblieben waren und die verworfen haben. Wenn Welpen nach der Geburt gefressen wurden, ist dieser Wurf in Höhe der angegebenen Zahl der Welpen bei der Geburt angerechnet worden. Es wurden 2986 Würfe der Jahre 1942 bis 1951 untersucht. Die Ergebnisse liegen in Tabelle 1 S. 90 und dem Kurvenbild S. 95 des Anhangs fest.

Der Prozentsatz von 10,9 für leere oder verworfene Fähen ist deshalb so hoch, weil zwei Katastrophenjahre, nämlich 1944 und 1949, in diese Zeit fallen. Dadurch wird die errechnete durchschnittliche Wurfgröße stark gedrückt. Sie beträgt 4,25 ± 0,916 Welpen. Tabelle und Kurve zeigen, daß 5er Würfe am stärksten, nämlich mit 28,4% vertreten sind, danach folgen 4er Würfe mit 22,2%. Des weiteren fielen 2,2% mehr 6er Würfe als 3er Würfe. Die Tendenz geht also in Richtung der größeren Würfe.

2. Feststellung der durchschnittlichen Wurfleistungen bei der Verpaarung Jungrüde × Altfähe. Altersunterschied mindesten 4 Jahre

Ergebnisse s. Anhang Tab. 5 S. 90 und Kurvenbild S. 95

Die Darstellung zeigt ein flacheres Kurvenbild als in Punkt 1. Das heißt also, daß die Anzahl der 235 untersuchten Würfe mit höheren Prozentzahlen auf alle Wurfgrößen verteilt sind. Die größte Häufigkeit liegt wieder bei 5er Würfen (26,4%). Der Prozentsatz von 12,8 für leere oder verworfene Fähen ist am höchsten von allen angestellten Untersuchungen. Die durchschnittliche Wurfleistung beträgt *3,93* ± 1,985 Welpen. Sie entspricht dem Gesamtdurchschnitt, weist aber die stärkste Streuung der Einzelwerte um den Durchschnittswert auf.

3. Feststellung der durchschnittlichen Wurfleistungen bei der Verpaarung Platinrüde × Silberfuchsfähe

Ergebnisse s. Anhang Tab. 2 S. 90 und Kurvenbild S. 95

Hierzu lagen 299 Verpaarungen vor. Die 4er und 5er Würfe fielen in fast gleicher Höhe. Der Anteil der 6er Würfe ist mit 16,3% am höchsten von allen Verpaarungsarten. Der Anteil an leeren oder verworfenen Fähen ist mit 8,0% gering. Die durchschnittliche Wurfleistung von *4,20* ± 1,659 Welpen ist hoch. Die Ergebnisse zeigen, daß die Verpaarung Platinrüde × Silberfuchsfähe guten Erfolg verspricht. Für die Produktion von Platinfüchsen muß diese Methode empfohlen werden.

4. Feststellung der durchschnittlichen Wurfleistungen bei der Verpaarung Silberfuchsrüde × Platinfähe

Ergebnisse s. Anhang Tab. 3 S. 90 und Kurvenbild S. 95

Diese zu 3 reziproke Verpaarung wird am seltensten ausgeführt. 28 Varianten liegen vor. Die geringen Erfolge gehen auch aus Tabelle und Kurve hervor. Die Kurve hat ihren Gipfelpunkt bei 4 Welpen im Wurf. Der Anteil der 6er Würfe ist am geringsten von allen Verpaarungen, der Anteil der 2er Würfe mit 14,4% sehr hoch. Die Durchschnittswurfleistung von *3,61* ± 1,574 Welpen ist die geringste von allen Gruppen.

5. Feststellung der durchschnittlichen Wurfleistungen bei der Verpaarung Scheckrüde × Silberfuchsfähe

Ergebnisse siehe Anhang Tab. 4 S. 90 und Kurvenbild S. 95

69 Verpaarungen wurden untersucht. Die Spitze der steilen Kurve liegt bei 4 Welpen im Wurf. Halb so oft fielen 5er Würfe, dann in weitem Abstand aber fast gleicher Anzahl alle anderen Würfe. Die durchschnittliche Wurfleistung von *3,96* ± 1,870 Welpen entspricht etwa dem Normalen.

Die Leistungsunterschiede dieser 5 Gruppen konnten durch Varianzanalyse gesichert werden.

Varianzanalyse

Streuungsursache	SQ	FG	s^2	F-Test	(P = 5%)
'otal	12722	3616			
Verschiedenartige u. verschiedenaltrige Verpaarungen	7901	4	1975,25	1507,7	(2,37)
Innerhalb	4821	3612	1,31		

6. Feststellung der ∅ Wurf- und Aufzuchtleistungen von Fähen verschiedenen Alters

Die Ergebnisse hierzu wurden aus den Karteikarten ermittelt, die sowohl über die Wurfgröße als auch über die Zahl der noch am 1. 10. jeden Jahres lebenden Welpen Bemerkungen enthielten. Die Tab. 6 bis 13 S. 91 und Kurvenbilder

S. 96 bis 98 des Anhangs zeigen, daß die durchschnittlichen Wurfleistungen mit 3,40 ± 2,038 Welpen bei einjährigen Fähen beginnend bis 4,11 ± 1,872 Welpen bei 4jährigen Fähen ansteigen und dann langsam wieder absinken. Die Ergebnisse aus den Untersuchungen der 8jährigen Fähen sind wegen des Vorhandenseins von nur 9 vollständigen Karteikarten von Fähen diesen Alters sehr ungenau und lassen keine Schlüsse zu. Die durchschnittliche Wurfgröße in den Jahren 1942 bis 1951 beträgt 3,77 Welpen.

Varianzanalyse (Wurfergebnisse)

Streuungsursache	SQ	FG	s^2	F-Test	(P = 0,1%)
Total	8628	2247			
Alter	227	7	32,43	8,64	(≅ 3,5)
Innerhalb	8401	2240	3,75		

Die Leistungen der 1jährigen und 7jährigen Fähen liegen unter dem Durchschnitt. Ganz entsprechend verhalten sich die Aufzuchtleistungen, die aber auch bei den 4jährigen Fähen mit 3,59 ± 1,981 Welpen unter dem Mittelpunkt liegen. Der hohe Anteil von 15,9% für 0 aufgezogene Welpen bei 4jährigen Fähen ist keine physiologische Erscheinung, sondern findet darin seine Erklärung, daß die im Jahre 1945 geborenen Jungfüchse am wenigsten von der Evakuierung in den Jahren 1945 und 1946 betroffen wurden, in dem Katastrophenjahr 1949 zahlenmäßig stark vertreten waren und in diesem Jahre also den höchsten Anteil an leeren Fähen stellten, der bei dieser Untersuchungsmethodik als Negativum erscheint. Das beeinträchtigt aber nicht den Schluß, daß die *3- bis 6jährigen* Fähen die besten Wurf- und Aufzuchtergebnisse zeigen.

Die durchschnittliche Aufzuchtleistung in den Jahren 1942 bis 1951 beträgt *3,62* Welpen oder 96,0%. Die Varianzanalysen der Wurfergebnisse (s. o.) und der Aufzuchtergebnisse ergeben eine sehr gute Sicherung der Differenzen zwischen den Jahrgängen.

Varianzanalyse (Aufzuchtergebnisse)

Streuungsursache	SQ	FG	s^2	F-Test	(P = 0,1%)
Total	6483	1951			
Alter	168	7	24,00	7,4	(≅ 3,5)
Innerhalb	6315	1944	3,24		

7. Feststellung der durchschnittlichen Zeugungsleistungen von Rüden verschiedenen Alters

Die hierbei angewandte Methodik zur Ermittlung der Zeugungsleistung ist natürlich sehr anfechtbar. Die Wurfgröße ist in erster Linie ein Ausdruck der Fruchtbarkeit der weiblichen Tiere, wenn auch die Rüden an dem Befruchtungsergebnis ihren beträchtlichen Anteil haben. Ziel dieser Untersuchungen sollte nicht das Befruchtungsergebnis als Verhältnis der tragend gewordenen Fähen zu der Zahl der insgesamt gedeckten Fähen sein, sondern die Verteilung der Wurfgrößen auf die verschiedenen Altersstufen der Rüden.

Die Ergebnisse wurden in den Tab. 14 bis 19, S. 92 und den Kurvenbildern S. 99 des Anhangs zusammengefaßt.

Es wurden 1- bis 6jährige Silberfuchsrüden ohne Berücksichtigung des Alters der angepaarten Fähen untersucht. Bei den 0er Würfen fanden nur leere Fähen Berücksichtigung. Die Ergebnisse für die 5 und 6jährigen Rüden müssen wegen mangelhafter Unterlagen ausscheiden.

Ein Anstieg der Leistungen von 3,54 ± 2,044 Welpen bei 1jährigen Rüden bis 4,01 ± 1,796 Welpen bei 3jährigen Rüden ist festzustellen und dann wieder ein Abfall bei älteren Rüden. Die Kurve der 4jährigen Rüden zeigt einen fast gleichmäßigen höchsten Anteil an 5er und 6er Würfen. Der Anteil an 4er Würfen ist bei 1jährigen (und 5jährigen) Rüden am höchsten.

Die Unterschiede der Rüdenjahrgänge konnten gesichert werden.

Varianzanalyse

Streuungsursache	SQ	FG	s^2	F-Test	(P = 5%)
Total	5459	1434			
Alter	77	5	15,40	4,09	(2,21)
Innerhalb	5382	1429	3,76		

Wir stellen als Ergebnis fest, daß *3- und 4jährige* Rüden guten Erfolg versprechen. Es muß darauf hingewiesen werden, daß die Rüdenhaltung im allgemeinen stark vernachlässigt wird. Es ist durchaus möglich und auch dringend notwendig, daß ein gutes Rüdenmaterial durch gute Fütterung für eine längere Zeit leistungsfähig erhalten wird.

Die Ergebnisse bei Nerzen

8. Feststellung der durchschnittlichen Wurfleistungen bei normalen Verpaarungen (Altersunterschied zwischen ♂ und ♀ < 4 Jahre) zwischen Standardnerzen

Die Zusammenfassung liegt in der Tabelle 20, Seite 93 und in dem Kurvenbild Seite 100 des Anhangs vor

502 Verpaarungen konnten untersucht werden. Im Gegensatz zu den Ergebnissen bei den Füchsen ist der Anteil an leeren Fähen, oder solchen, die verworfen haben, bei Nerzen sehr gering (Unter 1%). Die Wurfgrößen sind mit 4,5 und 6 Welpen im Wurf fast in gleicher Höhe und mit etwa je ¼ der Gesamtwürfe vertreten, so daß also ungefähr ¾ aller Würfe größer als 4 Welpen sind.

Die durchschnittliche Wurfgröße bei Nerzen in den Jahren 1942—1951 betrug 4,99 ± 1,849 Welpen.

9. Feststellung der durchschnittlichen Wurfleistungen bei der Verpaarung Altrüde × Jungfähe. Altersunterschied 4 bis 5 Jahre

Die Tab. 21, S. 93 und das untere Kurvenbild S. 100 des Anhangs zeigen das Ergebnis.

Es lagen 36 Verpaarungen dieser Untersuchung zugrunde. Dominierend sind 4er Würfe. Die Kurve fällt nach beiden Seiten steil ab, jedoch sind größere Würfe anteilmäßig mehr vorhanden. Die durchschnittliche Wurfgröße beträgt 4,80 ± 1,558 Welpen.

Varianzanalyse

Streuungsursachen	SQ	FG	s²	F-Test	(p = 5%)
Total	1806	537			
Verschiedenaltrige Verpaarung	24	1	24	7,227	(3,86)
Innerhalb	1782	536	3,32		

Die Unterschiede zwischen normaler Verpaarung und Verpaarung Altrüde × Jungfähe sind gesichert (siehe VA).

Die Kurve der Aufzuchtleistungen zeigt ein ausgeglichenes Bild. Die durchschnittliche Aufzuchtleistung beträgt *4,72 Welpen*, das heißt also, daß 98,3% aller registrierten Welpen aufgezogen wurden.

10. Feststellung der durchschnittlichen Wurf- und Aufzuchtleistungen von Fähen verschiedenen Alters.

Ergebnisse liegen in den Tab. 22 bis 25 S. 93 und den Kurvenbildern S. 101 des Anhangs vor

Hierbei können wir eine gute Übereinstimmung der Wurfleistungskurven und der Aufzuchtsleistungskurven feststellen, also überall hohe Aufzuchtergebnisse. Weit über dem Durchschnitt stehen die Ergebnisse der 2 jährigen Fähen. Normale Werte zeigen die 3jährigen Fähen, unter dem Durchschnitt stehen die 1- und 4jährigen Fähen, letztere erheblich darunter. Die jüngeren Fähen, vor allen Dingen die 1- und 2jährigen Fähen versprechen also besten Erfolg. Mittelwert der Wurfergebnisse: 4,98 Welpen.

Durchschnittliches Aufzuchtergebnis: *4,78 Welpen oder 95,99%*. Alle Differenzen konnten statistisch gesichert werden.

Auch in diesem Fall liegen die Zahlen von JOHANSSON ([7], 89) mit 10—15% Aufzuchtverlusten bedeutend ungünstiger.

Varianzanalyse (Wurfergebnisse)

Streuungsursache	SQ	FG	s²	F-Test	(P = 5%)
Total	1068	524			
Alter	44	3	14,66	7,48	(2,62)
Innerhalb	1024	521	1,96		

Varianzanalyse (Aufzuchtergebnisse)

Streuungsursache	SQ	FG	s²	F-Test	(P = 5%)
Total	1165	521			
Alter	42	3	14,00	6,45	(2,62)
Innerhalb	1123	518	2,17		

11. Feststellung der durchschnittlichen Zeugungsleistungen von Nerzrüden verschiedenen Alters

Diese Untersuchungen müssen mit den gleichen Einschränkungen betrachtet werden, wie die analogen Untersuchungen bei Silberfuchsrüden.

Die Tab. 26 bis 31 auf S. 94 und die Kurvenbilder auf S. 102 des Anhangs fassen die Ergebnisse zusammen.

Dabei ist auffallend, daß nur bei den von 1- und 2jährigen Rüden gedeckten Fähen „Versager" waren. Tabellenmäßig haben die 3 jährigen Rüden eine höchste Leistung von 5,29 ± 1,407 Welpen, die Zahlen der anderen Jahrgänge sind wenig unterschiedlich. Der besseren Ausgeglichenheit halber müssen wohl die 1- bis 4jährigen Rüden bevorzugt werden, jedoch konnten die Unterschiede der Jahrgänge nicht gesichert werden. Nachstehend die zugehörige Varianzanalyse.

Varianzanalyse

Streuungsursache	SQ	FG	s^2	F-Test	(P = 5%)
Total	1898	617			
Alter	27	5	5,40	1,765	(2,23)
Innerhalb	1871	612	3,06		

Nach den vorliegenden Ergebnissen kann gesagt werden, daß die durchschnittliche Wurfgröße bei Silberfüchsen in Appelburg zwischen 3,5 und 4,5 Welpen liegt.

Die Verpaarung Jungrüde × Altfähe bringt keine Vorteile, ist aber trotzdem bei Zuchtverwendung von 1jährigen Rüden zu empfehlen, zumal die Altfähe bereits erprobt wurde, hingegen ein Jungrüde züchterisch ein Novum darstellt.

Sehr gute Erfolge verspricht die Verpaarung Platinrüde × Silberfuchsfähe, während die reziproke Kreuzung zu verwerfen ist.

Die Ergebnisse aus der Verpaarung Scheckenrüde × Silberfuchsfähe entsprechen dem Normalen.

Bei der Zuchtverwendung von Fähen verschiedener Altersklassen weisen die 3 bis 6jährigen Fähen die besten Leistungen auf. Bei den Rüden müssen wir besonders auf die 3 bis 4jährigen zurückgreifen, die hohe Leistungen zeigen.

Das durchschnittliche Aufzuchtergebnis bei Silberfüchsen betrug 96,0%.

Die Wurf- und Aufzuchtleistungen liegen bei Nerzen durchschnittlich um einen Welpen höher als bei Silberfüchsen. So liegen die Wurfgrößen zwischen 4,5 und 5,5 Welpen, das durchschnittliche Aufzuchtergebnis bei 95,99%.

Bei der Verpaarung Altrüde × Jungfähe ist die Wurfleistung geringer, die Aufzuchtleistung aber bedeutend über dem Normalen. Diese Verpaarung zeigt im Endeffekt also gleiche Erfolge wie die normalen Verpaarungen.

Die besten Leistungen zeigen die 2- bis 3jährigen Nerzfähen und die 1- bis 4jährigen Nerzrüden.

B. Familienuntersuchungen

Zur Erhärtung der Beweisführung für die Akklimatisation der Silberfüchse und Nerze wurden einige Familienuntersuchungen angestellt. Gleichzeitig damit sollte eine Fehlerquelle für die nachfolgenden Untersuchungen erkannt werden, die darin liegen könnte, daß Variationen der Wurfgrößen und Aufzuchtergebnisse schon auf Grund einer mangelnden biologischen Anpassungsfähigkeit der Tierart eintreten.

Hierzu werden von 9 Fuchsfähen und 5 Nerzfähen als Stammütter ausgehend sämtliche ihrer Nachkommen wurfweise und generationsweise ermittelt.

Die Fuchsfähe DEA 3/8243 (Jahrgang 1943) hatte in 6 Jahren 26 direkte Nachkommen. In 4. Generation waren im Jahre 1953 noch 5 Füchse vorhanden, die gepelzt wurden. Von insgesamt 84 Nachkommen dieser Fähe wurden 82 gepelzt, 2 gingen ein. In allen Generationen variierten die Wurfgrößen in normalen Grenzen. In dieser Familie fällt eine Lebensschwäche einiger Würfe in der F_3 auf.

[Darstellung siehe Anhang S. 141].

Die Fuchsfähe 43—415 brachte in 10 Jahren 35 direkte Nachkommen, von denen 28 aufgezogen wurden. In der F_4 waren 18 Füchse vorhanden. Von insgesamt 124 Nachkommen dieser Fähe endeten 104 durch Pelzung, 20 durch Krankheit. Ein Abnehmen der Fruchtbarkeit bei den Individuen der Nachfolgegenerationen kann nicht vermerkt werden.

[Darstellung siehe Anhang S. 142].

Eine aus Prenzlau stammende Fähe P 43—97 warf in 10 Jahren 60 Welpen, von denen 36 aufgezogen werden konnten. In F_3 finden wir 4 Füchse. Zu dieser Familie gehören 78 Füchse, von denen 29 durch Krankheit oder Kannibalismus endeten. 49 Füchse fielen durch Pelzung.

[Darstellung siehe Anhang S. 143].

In 4 Jahren warf die Fuchsfähe 0—5039 16 Welpen, die aufgezogen wurden. In 3 Generationen gehörten 40 Füchse dieser Familie an. 8 Stück gingen ein, 31 wurden gepelzt und die Stammutter und eine ihrer Töchter waren 1955 noch vorhanden.

[Darstellung siehe Anhang S. 144].

Die Familie der Fuchsfähe 9—5139 zählt in 4 Generationen 70 Angehörige. 46 wurden gepelzt, 14 starben vor allen Dingen in dem Staupejahr 1953, und 8 Füchse gehörten noch 1955 zu dem Appelburger Zuchtbestand. Die Fruchtbarkeit läßt in keiner Generation nach.

[Darstellung siehe Anhang S. 145].

Die Besprechungen der weiteren 4 Fuchsfamilien [deren Darstellungen in dem Anhang S. 146 bis 149 vorliegen] ergeben ähnliche Resultate.

Für unsere Betrachtungen haben die Ergebnisse dieser Untersuchungen wert, die erkennen lassen, daß keine Fruchtbarkeitsstörungen im Laufe der Jahre eintreten und zum Aussterben dieser Familie auf Grund einer nicht vorhandenen biologischen Anpassungsfähigkeit der Tierart an eine neue Umgebung führen.

Es liegt in dem Wesen der Pelztierzucht begründet, daß die Masse aller anfallenden Jungtiere in ihrer ersten Pelzreife getötet und abgepelzt werden. Bei einem 6jährigen Umtrieb des Zuchtbestandes in der Silberfuchszucht hätten wir etwa 5% der anfallenden Jungtierzahl zur jährlichen Ergänzung des Bestandes auszuwählen. Deshalb finden wir in den Familienaufzeichnungen sehr wenig noch lebende Tiere im Verhältnis zu der Zahl der insgesamt geborenen und aufgezogenen Tiere. In jedem nachweisbaren Fall endet eine Familie durch Pelzung der letzten Angehörigen.

Ein ganz anderes Bild gewinnen wir, wenn über einen Rüden und dessen Nachkommen eine Familie fortgesetzt wird. Dafür gibt die Familie der Nerzfähe 8—240 [siehe Anhang S. 149a] Auskunft.

Diese Fähe hatte 12 direkte Nachkommen, von denen ein Rüde und 2 Fähen zur Zucht verwendet und 9 Nerze gepelzt wurden. Über ihren Sohn, den Nerzrüden 1—019 erfuhr diese Familie eine schnelle Ausbreitung. In 4 Nachfolgegenerationen gehörten ihr 461 Nerze an, von denen 105 Nerze in dem Zuchtbestand 1955 der Ve.-Pelztierfarm Appelburg standen.

17 Nerze oder 3,6% aller registrierten Tiere dieser Familie gingen an Krankheiten ein, während 338 Nerze mit einem Fellwert von etwa 50700.— DM gepelzt wurden.

Eine Tochter der Stammfähe versagte vollkommen in ihrer Fruchtbarkeit, während die durchschnittlichen Wurf- und Aufzuchtergebnisse in allen Generationen recht gut waren.

Die Nerzfähe 0—0342 [siehe Anhang S. 149b] hatte in 3 Nachfolgegenerationen 118 Nachkommen, von denen 1 Jungtier einging, 84 gepelzt wurden und 33 im Jahre 1955 in die Ranz gingen. Die Fruchtbarkeit ist in allen Generationen ausgeglichen.

Weitere 3 Nerzfamilien [die in dem Anhang auf den S. 150 und 151 dargestellt worden sind] ergeben ähnliche Bilder.

Die zusammenfassende Tabelle auf S. 41 läßt klar erkennen, daß die biologische Anpassungsfähigkeit der Füchse und Nerze an eine neue Umwelt gegeben ist, und eine Familie ohne Einwirkung des Menschen über sehr viele Jahre sich fortsetzen würde. Bei Füchsen werden durchschnittlich 67% aller Nachkommen gewaltsam durch den Menschen zwecks Pelzgewinnung getötet, bei den Nerzen fast 76%.

Aus der Tab. S. 41 erfahren wir, daß etwa doppelt soviel lebende Nachkommen bei Nerzen noch vorhanden sind wie bei den Füchsen. Das ist ein Ausdruck für den engen Zuchttierumtrieb in der Nerzzucht, der in höchstens 3jähriger Folge vorgenommen wird.

Die Sterblichkeit der Füchse betrug in diesem Zusammenhang mehr als das Fünffache gegenüber der Sterblichkeit der Nerze.

Aus den Fuchsfamilien konnten nur dreimal so viel Tiere gepelzt werden wie durch Krankheit eingingen, hingegen bei Nerzen 19mal mehr als die Verluste durch Krankheit betrugen.

C. Die Fruchtbarkeit der Silber- und Platinfüchse in Abhängigkeit von Alter, Klima und Fütterung

Als Material für diese Untersuchungen standen die sog. Tätobücher aus den 6 Fuchsabteilungen und 2 Nerzabteilungen der Ve.-Pelztierfarm Appelburg zur Verfügung. In die Tätobücher werden die Tätowierungen (Ohrnummern) der Fähe und des sie deckenden Rüden eingetragen, Datum der Verpaarung, des Werfens, Zahl der geborenen Welpen und der noch am 1.6 und am 1.10. vorhandenen Welpen und deren Geschlecht sowie deren Tätowierungen. Zur

Zusammenfassung der Familienuntersuchungen

Nr. der Stammfähe	Zahl der nachweisbaren Generation	Zahl der registrierten Tiere der Familie	Davon leben heute abs.	%	gingen ein abs.	%	wurden gepelzt abs.	%	Bemerkungen
				Füchse					
DEA 3/8243	3	84	—	—	2	2,4	82	97,6	
43—415	4	124	—	—	20	16,1	104	83,9	
P/43—97	3	78	—	—	37	47,5	41	52,5	
0—5039	3	40	2	5,0	8	20,0	30	75,0	
9—5139	4	70	8	11,4	14	20,0	48	68,6	
0—6135	3	46	10	21,7	6	13,1	30	65,2	
0—6053	3	50	6	12,0	15	30,0	29	58,0	
0—6051	3	31	5	16,1	8	25,8	18	58,1	
0—6027	2	46	1	2,1	18	39,3	27	58,6	
				11,2		21,8		67,0	Durchschnittszahlen
				Nerze					
8—240	4	461	106	23,0	17	3,6	338	73,4	Fam. ü. Rüden fortges.
0—0342	3	118	33	28,0	1	0,8	84	71,2	
0—030	3	68	19	28,0	4	5,9	45	66,1	
1—018	2	22	4	18,2	—	—	18	81,8	
0—016	2	30	1	3,3	2	6,6	27	90,1	
				20,1		4,0		75,9	Durchschnittszahlen

Angabe der Zahl geborener Welpen ist zu bemerken, daß diese erst ungefähr eine Woche nach der jeweiligen Geburt offiziell angegeben wird. Sie drückt dann das Wurfergebnis aus, obgleich dieses recht häufig anders aussieht. Ohne Zweifel kommt es vor, daß schon einige Welpen oder gar ein ganzer Wurf von der Geburt an bis zur ersten Kontrolle des Wärters verlorengehen, d. h. gefressen oder vergraben werden. Desweiteren ändert sich die Welpenzahl in der Zeitspanne zwischen erster Kontrolle des Wurfes durch den Wärter bis zur Registrierung, d. i. die erste schriftliche Meldung der Abteilung an die Farmleitung. In dieser ersten Meldung werden also die ungefähr eine Woche nach der Geburt vorhandenen lebenden Welpen erfaßt. Nach dieser Angabe wird mit Stichtag 1. 6. die Absatzmeldung berichtet, mit Stichtag 1. 10. die Aufzuchtmeldung. In diesen Berichtszahlen liegen also nicht erfaßbare Fehler.

Für diese Untersuchungen werden die Angaben der Jahre 1951, 1952 und 1953 ausgewählt mit folgender Begründung:

1. Die Tätobücher verbleiben in den Abteilungen und werden nach Gutdünken der Abteilungsleiter vernichtet. Aus den genannten Zuchtjahren lagen noch alle Tätobücher vor.

2. In dem Jahr 1949, dem Jahr der Übernahme dieses Betriebes aus sowjetischer Verwaltung, entstand durch Futterfehler während der Trächtigkeit der Fuchsfähen eine Katastrophe. Etwa 50% aller Würfe gingen durch Verwesung der abgestorbenen Embryonen, Verwerfen oder Totgeburten zugrunde. Ein großer Prozentsatz geborener Welpen war nicht lebensfähig und ging ein oder blieb in der ganzen Entwicklung zurück. Dementsprechend fehlten im Zuchtjahr 1950 fast ganz die 1jährigen Fähen und waren bei den aus dem Vorjahr übernommenen Altfähen Fruchtbarkeitsstörungen zu erwarten. Die Unterlagen des Jahres 1950 waren also für diese Untersuchungen unbrauchbar.

3. Zur Fixierung des sehr wichtigen Faktors „Fütterung“ mußten die Futterpläne vorliegen, die ebenfalls aus den Jahren vor 1951 nicht vollzählig vorhanden sind.

Bei der Auswahl gerade dieses Zeitabschnittes mußte allerdings der störende Einfluß einer enzootischen Staupeerkrankung des Fuchsbestandes im Jahre 1953 in Kauf genommen werden. Die Aufzuchtergebnisse 1953 sind deshalb mit den Jahren 1952 und 1951 nicht vergleichbar, sondern lediglich innerhalb der verschiedenen Altersstufen im Jahre 1953 und innerhalb der Altersvergleiche in dem ganzen Zeitraum der 3 Jahre, weil ja alle Altersstufen von dieser Seuche gleichermaßen betroffen wurden.

1. Allgemeine altersmäßige Leistungen der Silberfuchsfähen

Ohne Berücksichtigung der Umweltverhältnisse und deren Einflüsse auf die Fruchtbarkeit entspricht die Untersuchung des 3jährigen Durchschnittes als Ergänzung der vorher ermittelten Ergebnisse diesen vollkommen, was die Leistungen in den verschiedenen Altersstufen anbelangt.

Die unterschiedlichen Wurfergebnisse konnten sowohl zwischen den Jahren als auch innerhalb der Altersstufen sehr gut gesichert werden.

Bei den Aufzuchtergebnissen konnten nur die Differenzen innerhalb der Altersstufen berücksichtigt werden. Auch hier liegt eine sehr gute Sicherung vor. In den Aufzuchtergebnissen sind die außerordentlich geringen Zahlen aus dem Staupejahr 1953 mit enthalten, müssen unter diesem Gesichtspunkt also gesehen werden.

TABELLE 3

Leistungen verschiedenaltriger Fähen im Durchschnitt der Jahre 1951, 1952 und 1953

Alter der Fähen	Var.-Zahl	Wurfergebnis ∅	Aufzuchtergebnis ∅	%	leere Fähen %
1	809	4,06 ± 1,151	2,96 ± 1,553	72,9	15,4
2	634	4,37 ± 1,323	3,35 ± 1,609	76,6	10,9
3	389	4,63 ± 1,092	3,43 ± 1,628	74,1	10,1
4	243	4,58 ± 1,204	3,49 ± 1,685	76,2	10,5
5	173	4,68 ± 1,296	3,88 ± 1,513	82,9	11,9
6	153	4,80 ± 0,911	4,10 ± 1,562	85,4	13,9
7	67	4,61 ± 1,393	3,63 ± 1,535	78,7	17,8
8	36	5,36 ± 1,216	3,55 ± 1,688	66,2	9,1

Varianzanalyse

Streuungsursache	SQ	FG	s^2	F-Test	(P = 0,1%)
Total	4694	2503			
Jahre	1039	2	519,50	376,4	(≅ 7)
Alter	199	7	28,43	20,6	(≅ 3,5)
Innerhalb	3456	2494	1,38		

Varianzanalyse

Streuungsursache	SQ	FG	s^2	F-Test	(P = 0,1%)
Total	6629	2503			
Alter	293	7	41,85	16,5	(≅ 3,5)
Innerhalb	6336	2496	2,53		

Mit den geringen Leistungen der einjährigen Fähen kommt die unwissenschaftliche und ungenügende Methode der Zuchttierauswahl zum Ausdruck. Die Betrachtung des Exterieurs und die oberflächliche Einschätzung der Fruchtbarkeit der Eltern eines zu beurteilenden Tieres bieten keine Gewähr für das Tier. Obige Zahlen zeigen, daß oft daneben gegriffen wird. Am Ende des Zuchtjahres wird dann allerdings gemerzt und im nächsten Zuchtjahr stehen die nunmehr 2jährigen Fähen mit erprobten Leistungen.

Bis zum 6. Lebensjahr erfolgt ein gleichmäßiger Anstieg der Wurfergebnisse, dann Unregelmäßigkeiten. Das gleiche Bild finden wir bei den absoluten Aufzuchtleistungen. Den guten prozentualen Aufzuchtzahlen der 7jährigen Fähen stehen deren geringere Wurf- und abs. Aufzuchtzahlen gegenüber. Die größeren Würfe der 8 jährigen Fähen werden zu geringeren Prozentzahlen aufgezogen.

Mit zunehmenden Alter steigt auch die Zahl der sterilen Fähen. Deshalb also erneut die Mahnung an die Praxis: Vorsicht mit alten Fähen über 6 Jahren.

2. *Geschlechtsverhältnisse*

Es wurden gelegentlich der Durcharbeitung der 2504 Würfe dieser 3 Jahre die Aufzeichnungen über die Verteilung der Geschlechter zu Beginn und Ende jeden Jahres herausgezogen. Dabei bezeichnen wir das bei der Geburt bestehende Geschlechtsverhältnis als primär, das am Ende des Jahres zur Zeit der Pelzung vorhandene als sekundäres Geschlechtsverhältnis.

Es beträgt im Durchschnitt aller 3 Jahre und aller Jahrgänge das primäre Verhältnis: 128,7♂ : 100♀, das sekundäre Verhältnis 128,4♂ : 100♀.

Unter gleichen Gesichtspunkten beträgt die Sterblichkeit der männlichen Welpen 20,2%, die der weiblichen 21,0%. Diese Zahlen können nur als Vergleich gelten, die Werte entsprechen nicht den normalen Sterblichkeitszahlen der Silberfüchse, weil das Staupejahr 1953 mit fast 50% Welpenverlusten mitberechnet wurde.

Folgende Kurvenbilder zeigen die Verhältnisse in den einzelnen Jahrgängen:

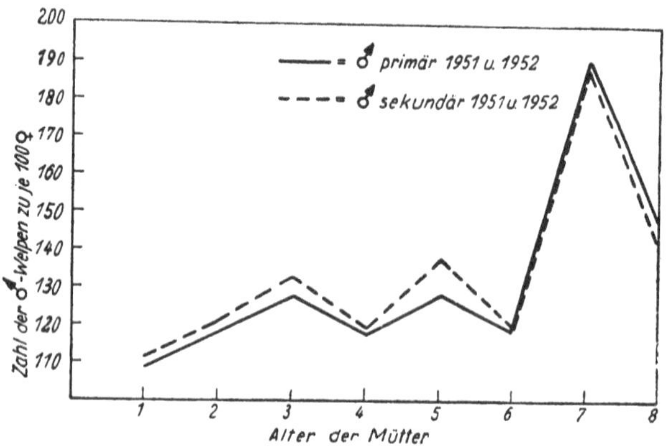

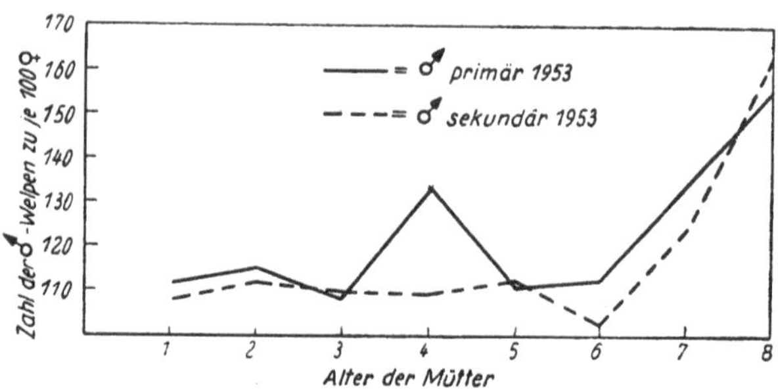

Die Ergebnisse sind interessant. Unter normalen Bedingungen liegt die rel. Sterblichkeit der weiblichen Welpen jüngerer Mütter (bis 6 Jahren) höher als die der männlichen Welpen. Bei älteren Müttern (> 6 Jahre) erhöht sich die rel. Sterblichkeit der männlichen Welpen gegenüber der der weiblichen Welpen.

In dem Staupejahr 1953 liegen die Verhältnisse genau umgekehrt, d. h., daß die männlichen Welpen gegen Staupe, in diesem Fall vielleicht überhaupt, gegen Krankheiten anfälliger sind als die weiblichen Welpen.

Nach den an anderer Stelle gegebenen Ausführungen für die Platinkreuzungen sind nur die Kreuzungen Platin♂ × Sifu♀ sinnvoll und sollen berücksichtigt werden. In den beiden Jahren 1951 und 1952 beträgt die durchschnittliche Sterblich-

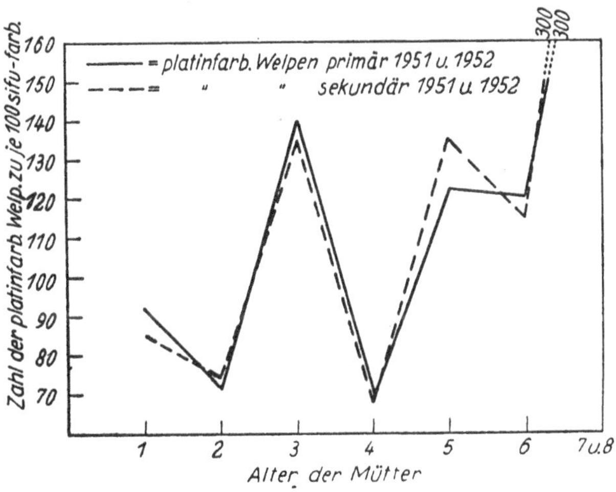

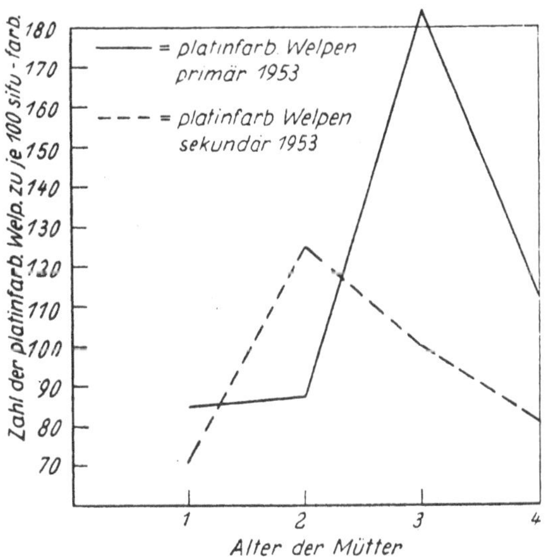

keit der männlichen Welpen 6,2%, die der weiblichen Welpen 8,6%. Im Staupejahr 1953 lauten die entsprechenden Werte 47,2% und 55,2%. Bei diesen Kreuzungen liegt in jedem Fall die absolute und auch relative Sterblichkeit der weiblichen Jungtiere höher als die der männlichen.

Die Bearbeitung dieses Materials gab Gelegenheit, die Farbverhältnisse in den Würfen, also Platinfuchswelpen zu Silberfuchswelpen zu fixieren. Es interessiert vor allen Dingen die Sterblichkeit der platinfarbenen Welpen gegenüber den silberfuchsfarbenen, weshalb eine Gegenüberstellung des primären Farbverhältnisses zur Zeit der Geburt (!) und des sekundären Farbverhältnisses zur Zeit der Pelzung vorgenommen wurde und mit folgenden Kurvenbildern deutlich gemacht werden soll.

In diesen Kurven ist die vollkommen unregelmäßige Farbverteilung in den verschiedenen Jahrgängen auffallend.

Im Durchschnitt der Jahre 1951 und 1952 und aller Jahrgänge beträgt das primäre Farbverhältnis: 113,1 P:100 S, das sekundäre Verhältnis 112,7 P:100 S.

Die entsprechenden Zahlen für 1953 (Staupejahr) lauten 116,9 P:100 S und 94,1 P:100 S. Im allgemeinen liegt die Sterblichkeit der platinfarbenen Welpen höher als die der silberfuchsfarbenen. In dem Staupejahr starben erheblich mehr Platinwelpen als Silberfuchswelpen. Das führt sogar zur Wertumwandlung des Verhältnisses P:S.

Was die Sterblichkeit der beiden Geschlechter anbelangt, so beträgt diese bei den männlichen Welpen in den Jahren 1951 und 1952 durchschnittlich 6,2%, die der weiblichen Jungtiere durchschnittlich 8,6%. Die entsprechenden Zahlen für das Staupejahr 1953 lauten 47,2% und 55,2%.

Die folgenden Varianzanalysen sichern die Differenzen der Wurf- und Aufzuchtergebnisse.

Varianzanalyse (Wurfergebnisse)

Streuungsursache	SQ	FG	s^2	F-Test	(P = 5%)
Total	314	234			
Jahre	24	2	12,00	12,91	(≅ 3,04)
Alter	80	6	13,33	14,35	(≅ 2,14)
Innerhalb	210	226	0,93		

Varianzanalyse (Aufzuchtergebnisse)

Streuungsursache	SQ	FG	s^2	F-Test	(P = 5%)
Total	514	234			
Jahre	79	2	39,50	24,67	(≅ 3,04)
Alter	59	6	9,84	6,14	(≅ 2,14)
Innerhalb	376	226	1,60		

3. Allgemeine altersmäßige Leistungen der Silberfuchsrüden

[Die Ergebnisse diesbezüglicher Untersuchungen liegen in Tab. III, S. 106 des Anhangs vor.]

Ohne Berücksichtigung der Umweltverhältnisse können die im Durchschnitt der Jahre 1951, 1952 und 1953 erzielten Leistungen der Rüden in folgender Tabelle niedergelegt werden.

Als annähernd stichhaltiges Kriterium für die Rüdenleistung kommen die letzte Spalte der Tabelle und die Prozentzahlen der leeren Fähen in Frage, weil in den anderen Kriterien der Einfluß des Züchters vorliegt, der nach bestimmten züchterischen Gesichtspunkten seine Rüden in der Ranz einsetzt. Dabei wird die Potenz einiger Rüden nicht ausgenutzt, weil sie vielleicht im Fell nicht entsprechen, andererseits werden im Fell erstklassige und in der Ranz temperamentvolle Rüden über Gebühr beansprucht und fallen oft im nächsten Jahr aus. Also die Zahl der gedeckten Fähen und die Zahl der insgesamt gezeugten Welpen unterliegen weitgehend menschlichem Willen. Die Welpenzahl pro gezeugtem Wurf wie auch die Zahl der leeren Fähen hängen natürlich z. T. von der Fruchtbarkeit der Fähen ab. Bei einer großen Variantenzahl, in diesem Fall 2502 untersuchte Würfe, dürften diese Ergebnisse aber ein Urteil über die Zeugungsleistung des Rüden zulassen. Im übrigen berührt dieser Gesichtspunkt alle Altersstufen der Rüden, die ja in diesem Falle verglichen werden sollen. Mit Hilfe der Varianzanalyse konnten die Differenzen zwischen den Rüdenjahrgängen in der ⌀ Zahl der Welpen pro gezeugten Wurf einwandfrei gesichert werden.

TABELLE 4

Alter der Rüden	Var.-Zahl	⌀ Zahl der mit Erfolg gedeckten Fähen	leere ♀ Fähen %	⌀ Zahl der insgesamt gezeugten Welpen	⌀ Zahl der Welpen pro gezeugten Wurf
1	252	4,04	15,2	17,7	4,41 ± 1,335
2	156	5,52	11,3	24,5	4,47 ± 0,245
3	74	5,76	11,9	26,1	4,55 ± 1,363
4	32	5,44	15,0	25,3	4,25 ± 1,516
5	5	5,40	18,2	25,2	4,66 ± 1,208

Varianzanalyse

Streuungsursache	SQ	FG	s^2	F-Test	(P = 5%)
Total	3816	2501			
Jahre	279	2	139,50	108,10	(2,99)
Alter	305	4	76,25	59,01	(2,37)
Innerhalb	3232	2495	1,29		

Auf Grund dieser Untersuchungen lautet der Hinweis für die Praxis: Verstärkter Einsatz der guten Rüden von 2 und 3 Jahren; natürlich unter Berücksichtigung einer optimalen Rüdenhaltung und Fütterung während des ganzen Jahres.

Die jeweiligen Jahresleistungen werden später im Zusammenhang mit den Umweltverhältnissen besprochen.

4. Die Fruchtbarkeit der Silberfuchsfähen in Abhängigkeit vom Ortsklima

Auf der Grundlage der Fruchtbarkeitsuntersuchungen der Jahre 1951, 1952 und 1953 sollen im Folgenden die vier Faktoren Luftdruck, Temperatur, Niederschlagsmengen und Luftfeuchtigkeit vergleichend behandelt werden.

Zu diesem Zweck wurden die täglichen Wetterberichte der Ve.-Pelztierfarm Appelburg aus diesen 3 Jahren ausgewertet und in Tabellen sowie graphisch dargestellt. Diese Darstellungen liegen auf den S. 109 bis 111 des Anhangs vor.

In den nachfolgenden Kurvenbildern werden die einzelnen Faktoren behandelt.

Die S. 51 zeigt in Zusammenfassung die Ergebnisse der Fruchtbarkeitsuntersuchungen an Silberfuchsfähen, und ist jeweils mit den Kurvenbildern der S. 48, 49 und 50 zu vergleichen.

A. Luftdruck

Im allgemeinen war nicht zu erwarten, daß der Luftdruck innerhalb eines Jahres auf die Fruchtbarkeit der Tiere in dem gleichen Jahr irgend einen wirksamen Einfluß ausüben könnten. Das trifft besonders für Tierarten zu, deren Verpaarungszeit nicht jahreszeitlich gebunden ist und deren Individuen zu verschiedenen Jahreszeiten verpaart werden, dementsprechend zu verschiedenen Zeiten ihre Jungen zur Welt bringen, diese von den Muttertieren abgesetzt werden usw.

Bei den Silberfüchsen besteht für die Beeinflussung der Fruchtbarkeit durch die einzelnen Klimafaktoren oder durch das Zusammenwirken dieser Faktoren immerhin eine Möglichkeit dadurch, daß ja ein Jahr mit seinen Perioden Ranz, Trächtigkeit, Wurfzeit, Säugezeit usw. von allen Individuen fast gleichzeitig durchlaufen wird. Es können also starke Witterungsschwankungen oder extreme Werte einzelner Faktoren in der Ranzzeit von Mitte Januar bis Ende Februar oder in der anschließenden Tragezeit bis Mitte April, in der darauffolgenden Säugezeit bis in den Juni hinein durchaus nach der positiven oder negativen Seite hin wirksam sein.

In dem Kurvenbild fällt doch auf, daß die Luftdruckwerte außerordentlich stark in den Monaten Januar, Februar und März 1951 schwanken. Das ist die Ranzzeit bei den Füchsen. Gleichzeitig liegen die Wurfergebnisse vor allem der jüngeren Fähen bis zu vier Jahren in dem Jahr 1951 unter denen der Jahre 1952 und 1953 mit ziemlich ausgeglichenen Luftdrucken im ganzen Verlauf des Jahres.

Die Aufzuchtleistungskurven folgen den entsprechenden Wurfleistungskurven. Etwa ab Anfang April beginnt Säuge- und Aufzuchtperiode. Von diesem Zeitpunkt ab bis Oktober ist der Luftdruck des Jahres 1951 ausgeglichen, wenn auch insgesamt geringer als in den Jahren 1952 und 1953. Das Jahr 1953 zeigt die besten Wurfergebnisse in allen Jahrgängen, gleichzeitig die geringste Zahl an sterilen Fähen.

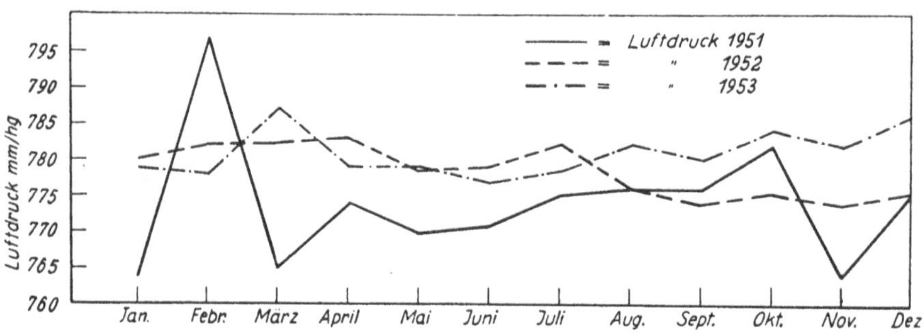

Untersuchung Ortsklima. Luftdruck

B. Temperatur

Es erfolgt die Gegenüberstellung der Temperatur und die Untersuchung eines evtl. Einflusses auf die Fruchtbarkeit.

Ein Temperatureinbruch in den Monaten Mai—Juni 1952 als auffällige Erscheinung in diesem Kurvenbild fällt in die Säugeperiode. Er hat aber keinerlei Einfluß auf die Aufzuchtergebnisse, die im Jahre 1952 absolut und prozentual höher liegen als 1951, nämlich 0,27 Welpen oder 3,6%.

Die Jahresdurchschnittstemperaturen betragen

1951 = 7,45°
1952 = 7,13°
1953 = 7,88°

Dem Anstieg der Wurf- und Aufzuchtleistungen von Jahr zu Jahr stehen unterschiedliche Jahrestemperaturen gegenüber.

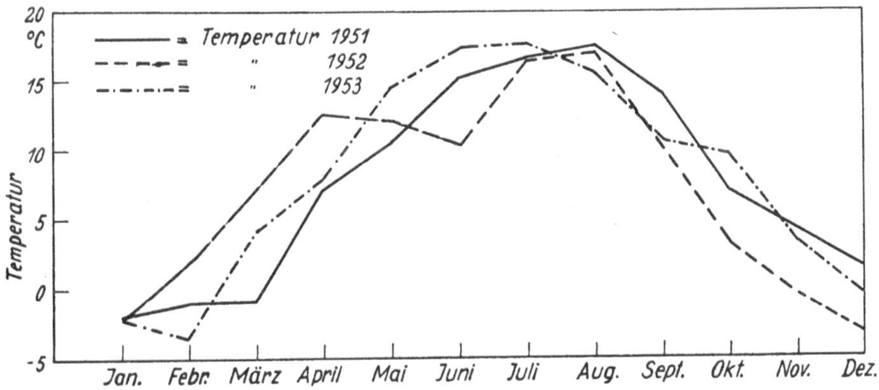

Untersuchung Ortsklima. Temperatur

C. Niederschläge

Es kann als sicher gelten, daß hohe Niederschläge in den Monaten April bis Juli auf den Gesundheitszustand der Welpen ungünstig wirken. Die Welpen des untersuchten Betriebes sind in dieser Zeit in Würfen zusammen mit der Mutterfähe in Erdbodengehegen untergebracht. Der oberflächlich durch Tiertritte verdichtete Boden führt starke Niederschläge rel. langsam ab und hält die Feuchtigkeit sehr lange. Die Tiere benässen ihr Fell, befeuchten auch die Nestkisten und sind der Erkältungsgefahr ausgesetzt, abgesehen von Infektionen mit Eiern oder Larven der Parasiten, die von den Altfähen mit dem Kot ausgeschieden werden und z. T. in der Feuchtigkeit des Bodens gute Erhaltungs- bzw. Entwicklungsbedingungen finden. Die Züchter bezeichnen mit gutem Grund die stehenden Wasserpfützen in den Mulden des Gehegebodens als „Hakenwurmbrühe".

Diese Umstände führen selten zu direkten Todesfällen, hemmen aber erheblich die Entwicklung der Jungfüchse und natürlich auch die Fellausbildung. Ein regenreiches Jahr führt immer zu höherer Welpenmortalität und zu schlechteren Fellqualitäten. Der Klimafaktor „Niederschlag" wird von allen Faktoren den stärksten Einfluß auf die Aufzuchtergebnisse haben. Aus den Niederschlagskurven erkennen wir im Mai und Juni Spitzen der Regenmengen.

Die Jahresniederschlagsmengen betragen

1951 = 668 mm
1952 = 620 mm
1953 = 451 mm

Dieser Reihenfolge vom in diesem Sinne Schlechteren zum Besseren steht der Anstieg der Wurf- und Aufzuchtleistungen (mit Ausnahme der Aufzucht 1953) in diesen 3 Jahren gegenüber, weshalb auch unter Berücksichtigung aller anderen Umstände ein positiver Einfluß (auf die Trockenheit bezogen) erkannt werden muß.

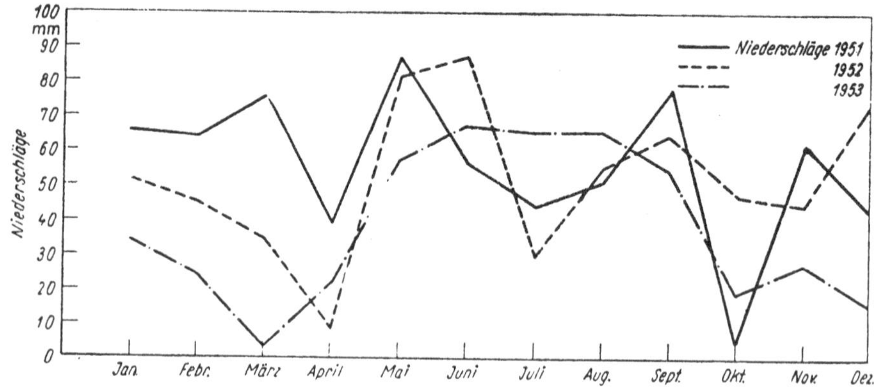

Untersuchung Ortsklima. Niederschläge

D. Luftfeuchtigkeit

Der Vollständigkeit halber sei die Luftfeuchtigkeit der 3 Jahre verglichen, ein Merkmal, welches in keiner Weise mit der Fruchtbarkeit korreliert, wohl aber mit der Fellausbildung, insbesondere mit der Haarstruktur.

In den für diese Untersuchung entscheidenden Perioden zeigen die Kurven der Luftfeuchtigkeit nur im März—April Differenzen. Ein Einfluß auf die Fruchtbarkeit kann aber nicht fixiert werden.

Die Jahresdurchschnitte der Luftfeuchtigkeit betragen

1951 = 56,0%
1952 = 58,9%
1953 = 56,4%

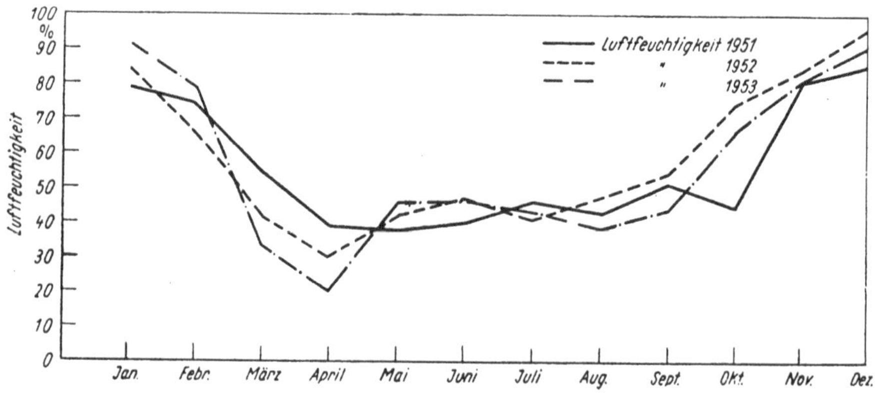

Untersuchung Ortsklima. Luftfeuchtigkeit

Wenn überhaupt von Wert, so sind die detaillierten Orstklimauntersuchungen nur mit erfaßbaren Fruchtbarkeitsleistungen der Fähen vergleichbar. An anderer Stelle besprachen wir die Sicherheit der Fruchtbarkeitsuntersuchungen der Rüden und waren der Meinung, daß allein die Zahl der Welpen pro gezeugten Wurf und

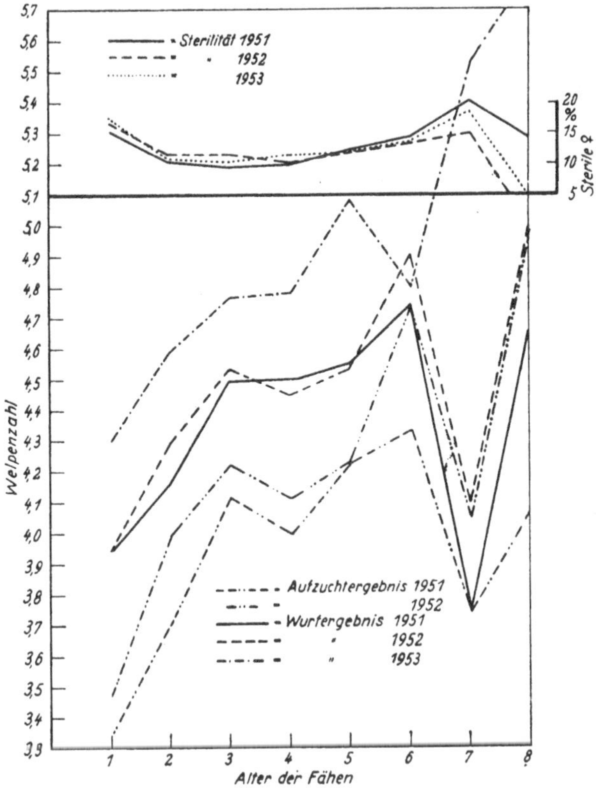

Zusammenfassung der Fruchtbarkeitsuntersuchungen an Silberfuchsfähen

der Prozentsatz an leeren Fähen dafür heranziehbar ist, ohne dabei den starken Anteil der Fähen daran zu unterschätzen. Bei der Betrachtung Ortsklima—Fruchtbarkeit wird dieser Gesichtspunkt bekräftigt. Auszugsweise seien dazu einige Zahlen aus Tab. III, S. 106 des Anhangs gebracht.

TABELLE 5

Jahr	Ein Rüde deckt durchschn. Fähen	Ein Rüde zeugte durchschn. Welpen	Ein Rüde zeugte durchschn. Welpen pro Wurf
1951	5,34	23,5	4,32
1952	5,29	23,6	4,37
1953	5,01	23,6	4,53

Alle die für die Fruchtbarkeit der Fähen als positiv korrelierend erkannten Witterungserscheinungen treffen nur auf die letzte Spalte der Tabelle zu, während die Zahlen der Spalte 1 umgekehrte Tendenzen zeigen und die Zahlen der mittleren Spalte praktisch in allen 3 Jahren gleich sind.

Abgesehen von der bereits angeführten Subjektivität der zu dem Zustandekommen der Zahlen in Spalte 1 in der praktischen Zucht vorgenommenen Manipulationen ist nicht einzusehen, weshalb Witterungserscheinungen auf die Fähen einen umgekehrten Einfluß haben sollten als auf die Rüden, zumal in den entscheidenden Perioden, in denen es auf die physiologische Leistungsfähigkeit beider Geschlechter ankommt. Von Interesse bleibt also Spalte 3 und die Übereinstimmung der Tendenz ihrer Zahlen mit der der Wurf- und Aufzuchtergebnisse der Fähen im Vergleich der 3 Jahre. Es sei wegen dieser Übereinstimmung auf die darstellenden Vergleiche der Rüdenfruchtbarkeit mit jedem der vier Klimafaktoren verzichtet. Auch die Fruchtbarkeitsuntersuchungen der Platinkreuzungen dienten anderen Zielen dieser Arbeit und werden nicht mit Klimafaktoren verglichen.

5. Die Fruchtbarkeit der Silberfüchse in Abhängigkeit von der Fütterung

Material: Die Unterlagen für die Fruchtbarkeitsuntersuchungen wurden beschrieben und liegen auf den S. 103 bis 106 des Anhangs vor.

Zur Untersuchung der quantitativen und qualitativen Fütterung in den Jahren 1951, 1952 und 1953 konnten nur die täglichen Futterpläne dieser Jahre als brauchbar befunden und herangezogen werden. Als Muster wurde auf Seite 113 des Anhangs ein Futterplan für den 21. 7. 1952 beigelegt. Auf diesen Futterplänen sind die Tierzahlen an Jung- und Altfüchsen, Jung- und Altnerzen angegeben, sowie die Grammengen der einzelnen Futtermittel pro Tier und Tag.

Zunächst erfolgte für Füchse und Nerze eine Unterteilung des Jahres in Gruppen (Anhang S. 112).

Gruppeneinteilung Füchse:

Gruppe 1	Fähen	vom 1. 1. bis 14. 2.	Vorranz und Ranz	45 Tage
Gruppe 2	ged. Fähen	vom 15. 2. bis 10. 4.	Tragezeit	55 Tage
Gruppe 3	Fähen mit Wurf	vom 11. 4. bis 30. 6.	Säugezeit und Aufzucht	81 Tage
Gruppe 4	Fähen abgesetzt	vom 1. 7. bis 31. 12.	Erhaltung	184 Tage
Gruppe 5	Rüden	vom 1. 1. bis 14. 3.	Vorranz und Ranz	74 Tage
Gruppe 6	Rüden	vom 15. 3. bis 31. 12.	Erhaltung	291 Tage
Gruppe 7	Jungtiere	vom 1. 7. bis 31. 12.	Aufzucht	184 Tage

Jetzt wurde für jede Gruppe der Füchse und jedes der 3 Jahre die Grammenge aus den Futterplänen zusammengerechnet, die von jedem Futtermittel pro Tier dieser Gruppe insgesamt verabreicht worden ist. Beispielsweise bekam ein Tier in Gruppe 1, also eine Fähe während der Vorranz und Ranz, im Jahre 1951 insgesamt 5400 g Innereien, im Jahre 1952 4484 g Innereien und 1953 6487 g Innereien.

Nach der Futtermitteltabelle von Pereldik (aus [16]) ergibt sich für jede Grammenge jedes Futtermittels, jeder Gruppe in jedem der 3 Jahre die Kalorienzahl, weiterhin die Grammwerte an Rohprotein, Rohfett, N-freien Extraktstoffen und Rohfaser.

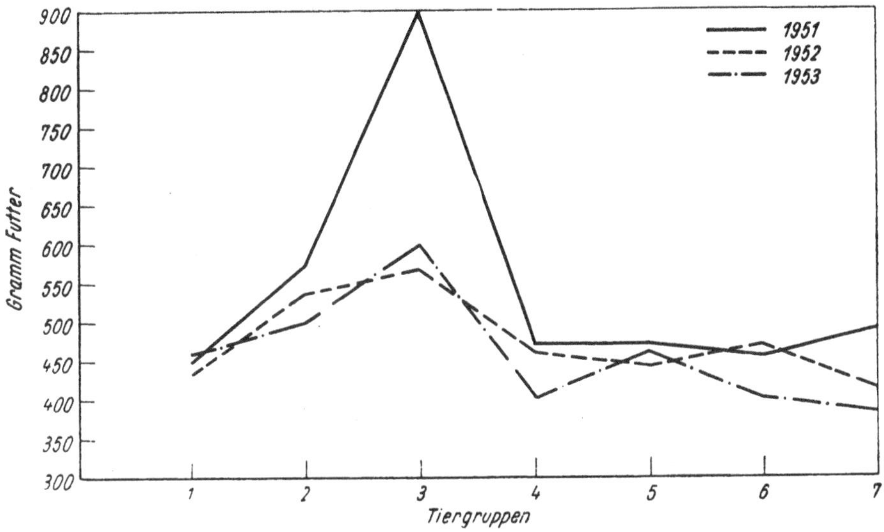

Grammkurve (Tagesmenge pro Tier). Tierfütterung Füchse

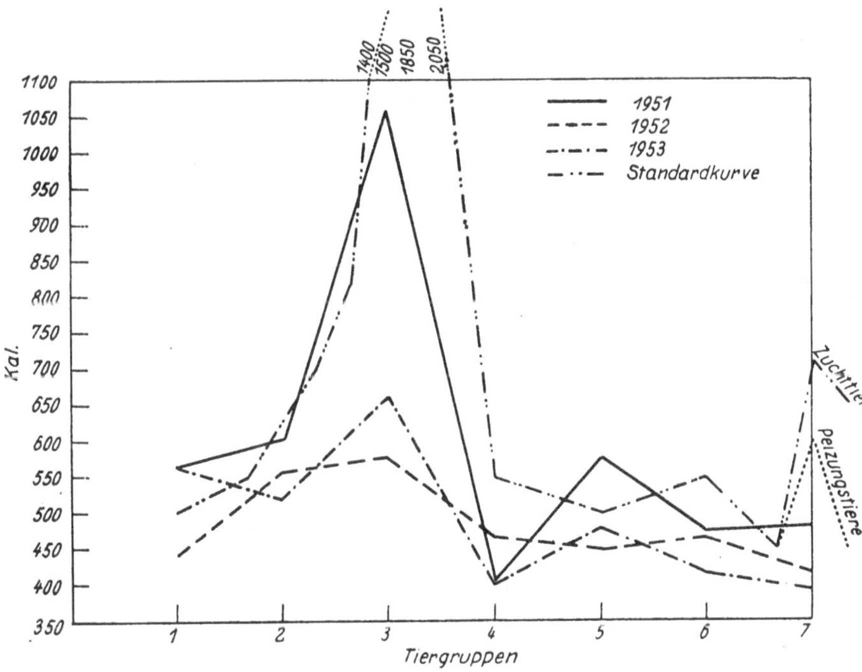

Kalorienkurve (Pro Tag und Tier). Tierfütterung Füchse

Die so gewonnenen Werte für jedes Futtermittel addiert, ergab die Gesamtmenge an Gramm Frischfutter, Kalorien, Gramm Rohprotein usw. pro Tier und Gruppe. Die Gesamtmenge wurde dividiert in die Anzahl der Tage, die die

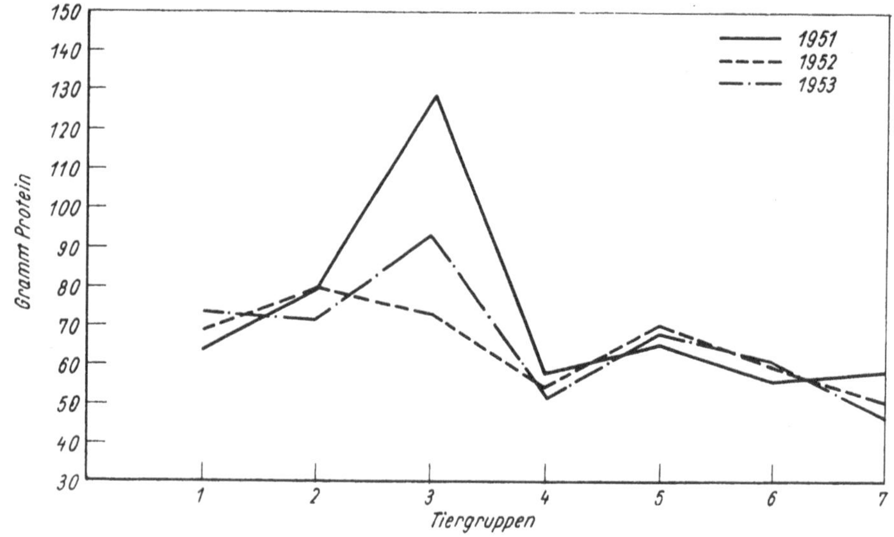

Proteinkurve (pro Tag und Tier). Tierfütterung Füchse

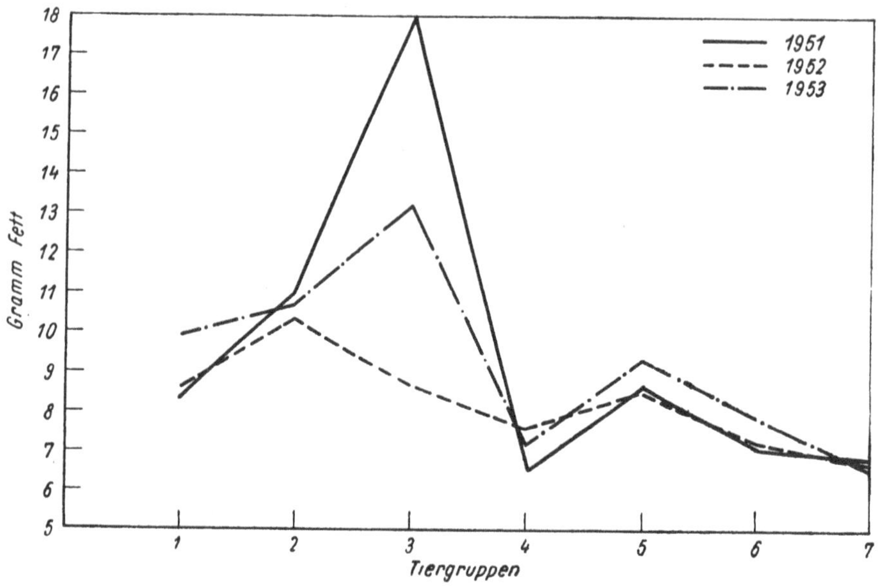

Fettkurve (pro Tag und Tier). Tierfütterung Füchse

jeweilige Gruppe umfaßt und ergab jetzt vergleichbare Werte, mit denen beispielsweise gesagt werden konnte, daß eine säugende Fähe im Jahre 1951 durchschnittlich pro Tag 127,9 g Rohprotein bekommen hat, im Jahre 1952 74,6 g und im Jahre 1953 93,2 g. (s. Tabellen S. 114 bis 120)

Diese Zahlen sind mit Fehlern behaftet. Es ist anzunehmen, daß das Personal der Futterküche das Mischfutter nach den Vorschriften des Futterplanes zusammenstellt. Mit Vorsicht ist aber die Sicherheit der Verabreichung und Aufnahme

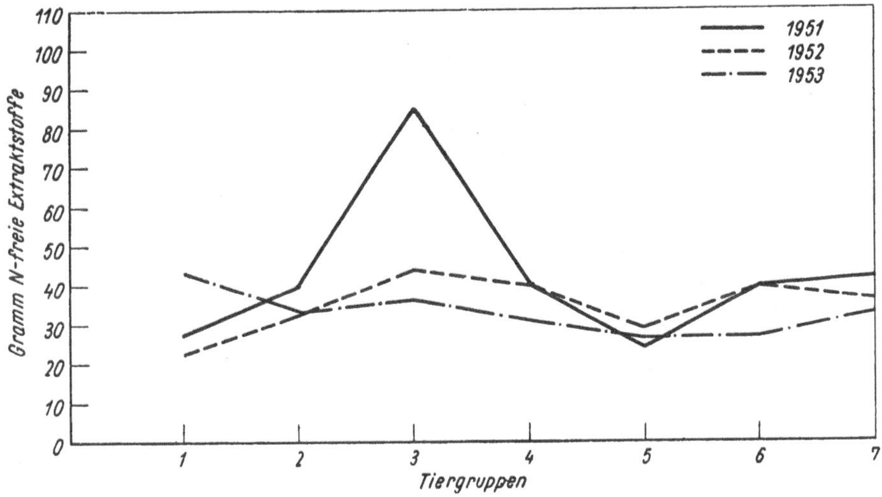

Kurve der N-freien Extraktstoffe (pro Tag und Tier). Tierfütterung Füchse

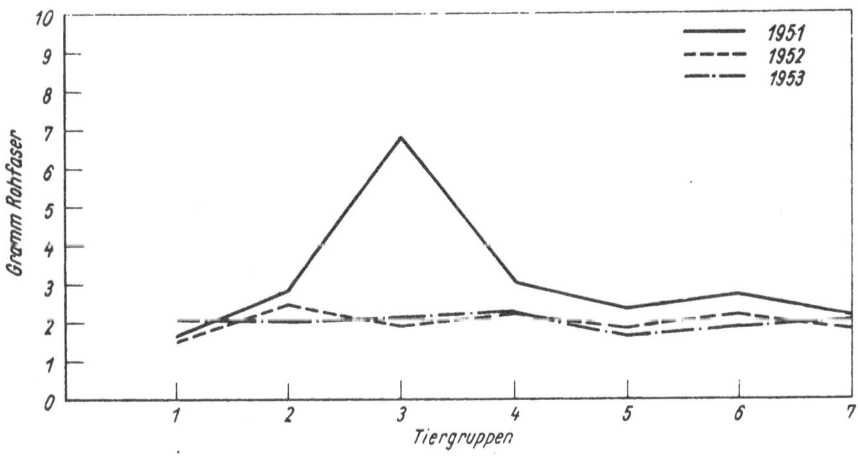

Rohfaserkurve (pro Tag und Tier) Tierfütterung Füchse

des Futters zu betrachten. Die Tierwärter geben das Mischfutter mit einer Kelle an jedes Tier. Dabei können sie die Menge auf Grund jahrelanger Tätigkeit mit einer Genauigkeit von $\pm$ 30 g einschätzen. Es sind aber auch jüngere Kräfte vorhanden, die mit größeren Abweichungen von der im Futterplan festgesetzten Norm füttern. Sichtbar kranke Tiere bekommen weniger, dafür andere mehr. Fähen mit 7 Welpen erhalten größere Portionen als Fähen mit 2 Welpen. Nicht sichtbar kranke Tiere nehmen weniger Futter auf, wie auch ein wenig schmackhaftes Futter oder drückend-schwüle Witterung die Futteraufnahme beeinträchtigt und größere Reste wieder eingesammelt werden müssen. Bei älteren Würfen oder doppelt sitzenden älteren Jungfüchsen frißt ein Tier mehr als andere. Das sind alles Dinge, die nicht erfaßt werden können. Ein Ausgleich durch die große Tierzahl und längeren Zeiträume beseitigt in vielen Fällen diese Fehler. Obgleich eine wissenschaftliche Exaktheit entbehrt werden muß, kann für den Zweck der im Folgenden beschriebenen Vergleiche die Genauigkeit der Zahlen als ausreichend anerkannt werden.

Zur schnellen Vergleichsmöglichkeit wurden die gewonnenen Zahlen in Kurven gezeichnet und jeweils die Werte der Jahre 1951, 1952 und 1953 verglichen. (Siehe Kurvenbilder). Mit diesem Vergleich soll eine Betrachtung der Fruchtbarkeit der Silberfüchse in diesen 3 Jahren einhergehen. Die Besprechung erfolgt gruppenweise.

Gruppe 1 und 5

Diese beiden Gruppen sind nicht entscheidend, was einen Einfluß der Fütterung auf die Fruchtbarkeit anbelangt. Normalerweise kommen die Zuchttiere in bester Kondition in die Ranz. In dieser Periode ist die Futteraufnahme sehr gering, also ein gutes Futter würde wenig anschlagen, ein schlechtes Futter nicht sehr viel verderben. Das Ranzgeschäft nimmt die Tiere stark in Anspruch und Gewichtsverluste treten immer auf. In der Versuchsstation für Pelztierforschung Appelburg konnte an 84 Fähen ein durchschnittlicher Gewichtsverlust von 240 g und an 20 Rüden ein durchschnittlicher Gewichtsverlust von 900 g während der Ranz festgestellt werden.

Auf der Grammkurve, Proteinkurve und Rohfaserkurve sehen wir in Gruppe 1 und 5 etwa Übereinstimmung in den Werten der drei Jahre.

Ein Wort noch vorweg zu der Kalorienkurve. Aus Arbeiten des Zentralen wissenschaftlichen Forschungslaboratoriums für Peltzierzucht in Moskau [16] erfahren wir einige Normen in der Fütterung von Silberfüchsen, Blaufüchsen und Nerzen. Leider sind diese Normen nicht nach Nährstoffbedarf, sondern nach Kalorienbedarf angegeben. Diese Kaloriennormen wurden auf die Gruppen, die ja gleichzeitig Zuchtperioden ausdrücken, berechnet und in den Kalorienkurven für Füchse und Nerze in Gegenüberstellung der drei untersuchten Jahre eingezeichnet.

In diesem Kurvenbild erkennen wir, daß Tiere der Gruppe 1 in den Jahren 1951 und 1953 150 Kalorien mehr bekommen haben als 1952 und über 50 Kalorien mehr als die Norm beträgt. Ebenfalls erhielt die Gruppe 5 im Jahr 1951 ein weit mehr Kalorien enthaltendes Futter als in den anderen Jahren und als die Norm anzeigt.

Der Rohfettanteil im Futter lag 1953 höher als in den beiden anderen Jahren in diesen Gruppen. Ebenfalls bekamen die Fähen in Vorranz und Ranz 1953 15 bis 20 g mehr N-freie Extraktstoffe als in den anderen Jahren.

Zusammenfassend stellen wir fest, daß die Tiere der Gruppe 1 im Jahre 1953 nährstoffreicher als in anderen Jahren gefüttert wurden, während Gruppe 5 etwa gleiches Futter in den 3 Jahren erhielt, in welchem 1951 ein sehr hoher Kaloriengehalt war. Es ist zu beachten, daß die Grammengen an Rohfett und Rohprotein in Gruppe 1 im umgekehrten Verhältnis zu dem Anteil an sterilen Fähen steht.

Gruppe 2

Die Fütterung dieser Gruppe ist außerordentlich wichtig. Eine Mangelfütterung hat nicht nur direkte Wirkung auf die embryonale und foetale Entwicklung der Welpen, die zwar rücksichtslos die Nährstoffe dem mütterlichen Körper entziehen, dennoch aber aus einer restlos ausgemergelten Fähe nicht viel nehmen können und schon Schaden erleiden, der sich für die ganze Zeit des Lebens nachher auswirken kann. Die Mangelfütterung trifft an erster Stelle die Mutterfähe. Sie verausgabt sich in der Tragezeit, noch mehr dann in der Säugezeit. Es liegen besonders aus der Nerzzucht Beispiele vor, in denen Fähen mit großen Würfen regelrecht zusammenbrachen, Infektionskeimen keinen Widerstand zu leisten vermochten und kurzfristig eingingen oder aber sich äußerlich nach einiger Zeit erholten, im nächsten Zuchtjahr aber vollkommen versagten. Und alles deshalb, weil in der Tragezeit oder Säugezeit eine Mangelfütterung geübt wurde.

Mengenmäßig wird von 1951 an von Jahr zu Jahr weniger gefüttert. Die gleiche Tendenz finden wir in der Kalorienkurve. Aus dieser erkennen wir auch, daß in allen 3 Jahren kalorienmäßig unter der Norm gefüttert wurde.

Der Proteingehalt des Futters lag 1953 um 8 g täglich niedriger als in den anderen Jahren. Die größere Rohfettmenge sowie N-freier Extraktstoffe bekamen tragende Fähen im Jahre 1951. Die größte Schwankungsbreite in der Rohfasergabe beträgt 0,8 g zwischen 1951 und 1953, dazwischen liegt das Jahr 1952.

Die tragenden Fähen wurden 1951 quantitäts- und qualitätsmäßig am besten gefüttert, allerdings war das Futter proteinärmer. Dann folgt das Jahr 1952, in dem das Futter aber entschieden fettärmer war als in anderen Jahren. Am schlechtesten kamen futtermäßig die tragenden Fähen des Jahres 1953 weg.

Gruppe 3

Die Fütterung der säugenden Fähen lag in Menge und Nährstoffgehalt im Jahre 1951 weit über der der beiden anderen Jahre.

Mengenmäßig erhielten sie 1951 die Hälfte mehr als 1952 und 1953.

1951 waren es fast doppelt soviel Kalorien wie 1952, während 1953 etwa 100 Kal. täglich mehr als 1952 hatte.

Rund 1050 Kalorien täglich bekam 1951 eine säugende Fähe (auf 4 Welpen im Durchschnitt berechnet), während die Norm bis zu 2050 Kalorien täglich für eine säugende Fähe mit 4 Welpen vorschreibt. Ein bedenkliches Ergebnis ist die Fütterung des Jahres 1952 mit 576 Kalorien täglich in dieser vielleicht entscheidendsten Periode des Jahres, entscheidend für die Erhaltung und weitere Leistungsfähigkeit der Fähen und ebenso entscheidend für die Erhaltung und gesunde Entwicklung der Welpen.

Protein enthielt das Futter 1951 50% mehr als 1953 und 1953 wiederum 35% mehr als 1952. Rohfett bekamen die säugenden Fähen 1951 täglich 18 g, 1953

13,1 g und 1952 8,8 g. N-freie Extraktstoffe gab es 1951 doppelt soviel wie 1952 und 1953, und der Rohfasergehalt war 1951 dreimal so hoch wie 1952 und 1953.

Gruppe 4 und 6

Die Fütterung dieser Gruppen wirkt sich auf die Kondition der Altfüchse aus und vor allem auf die Fellentwicklung. Die abgesäugten Fähen, die zudem jetzt nach dem Absetzten im Fellwechsel stehen, sollen sich erholen, sollen ihr altes Haar abwerfen und ein neues rauches Fell bis zum Dezember entwickeln, darüber hinaus mit einer Fettschicht in den Winter gehen und die folgende Zeit der Ranz ab Januar mit stark gehemmter Futteraufnahme auf der einen Seite und erhöhtem Energieverbrauch bei der körperlichen Bewegung im Liebesspiel und geschlechtlicher Erregung auf der anderen Seite gut überstehen.

Die Füchse sollen nicht gemästet werden, aber die Fütterung der Bedeutung dieses Abschnittes entsprechend bemessen werden. In den Gruppen 4 bis 6 finden wir in allen 3 Jahren etwa gleichartiges Futter. Mengenmäßig werden die Tiere 1953 etwas benachteiligt, dafür ist das Futter gehaltvoller, besonders was den Rohfettanteil anbelangt. Das Futter 1951 ist sehr fettarm. Wiederum sehen wir aber die Fütterung kalorienmäßig erheblich unter der Norm liegend.

Gruppe 7

Diese Periode beginnt mit dem Absetzen der Jungfüchse. Über den Wert einer optimalen Jugendernährung soll hier weder allgemein noch speziell gesprochen werden.

Mengen- und kalorienmäßig wird 1951 gegenüber den anderen Jahren stärker gefüttert. Die Nährstoffütterung ist in allen 3 Jahren etwa ausgeglichen.

Aus der Normkurve der Kalorien lesen wir, daß die Jungtierfütterung, wenn sie richtig sein soll, nicht an Quantität sondern an Qualität verdoppelt werden müßte. In dem untersuchten Betrieb wurde auch viel zu wenig eine unterschiedliche Fütterung der Zuchttiere und Pelzungstiere beachtet.

Für die Praxis ergeben sich hieraus folgende Hinweise.

In dem untersuchten Betrieb wurde ungenügend gefüttert. Es wurde darüber hinaus physiologisch und ökonomisch falsch gefüttert. In der Vorranz und Ranz kann eingeschränkt werden. Tragende, säugende und führende Fähen müssen stark gefüttert werden. Im Spätherbst muß differenziert nach Zucht und Pelzung gefüttert werden. An Futter für Pelzungstiere kann ab Mitte Oktober gespart werden. Die Normen aus der Sowjetunion sind beachtenswert. Das sind einige an die Praxis zu richtende Hinweise.

Auf die Fruchtbarkeitsuntersuchungen bezogen ergibt sich ein überraschendes Ergebnis (betrachte Seite 51). Den von Jahr zu Jahr steigenden Wurf- und Aufzuchtzahlen sowie Befruchtungszahlen stehen unterschiedliche Fütterungen entgegen. Die weitaus beste Fütterung erfolgte 1951. 1952 wird mengenmäßig im Durchsschnitt stärker gefüttert als 1951, kalorien- und nährstoffmäßig etwa gleich dem Jahr 1953, bis auf den Rohfettanteil, der 1952 sehr gering ist.

Diese Zahlen und Tendenzen gestatten den Schluß, daß die Fütterung vom April eines Jahres an auf die Fruchtbarkeit der Tiere im nächsten Jahr wirksam ist, daß weiterhin die Fruchtbarkeit sehr stark erblich ist und die Fütterung einen geringen Einfluß auf die Fruchtbarkeit ausübt, es sei denn, daß vollkommen unphysiologisch oder widernatürlich gefüttert wird.

Die Welpenmortalität korreliert stark mit den Niederschlägen in den Monaten April bis Juni. Der Einfluß anderer Witterungsfaktoren auf die Fruchtbarkeit kann nicht sicher erkannt werden.

D. Die Fruchtbarkeit der Nerze in Abhängigkeit von Alter, Klima und Fütterung

In den Wurfbüchern finden wir folgende Angaben: Nummer der Fähen und der sie deckenden Rüden, Datum der Verpaarung, der Nachdeckung, des Werfens, Zahl der geborenen Welpen und der noch am 1. 6. und am 1. 10. lebenden Welpen, deren Geschlecht und Zuchtnummern.

An dieser Stelle sei bemerkt, daß die Nerzzucht einen gewaltigen Mangel an Sicherheit dadurch aufweist, daß die einzelnen Tiere nicht gekennzeichnet werden.

Es gibt keine vernünftige Methode einer sicheren Kennzeichnung. Alle Versuche in dieser Hinsicht mit Ringen, Metallklammern, Ballenlochsystem usw. führten zu keinem brauchbaren Ergebnis. Keine Körkommission, kein Richter einer Schauveranstaltung kann sagen, daß das zu beurteilende Tier mit dem der vorliegenden Papiere identisch ist.

Die Zuchtauslese, die Zucht selber, Leistungsermittlungen und Leistungsvergleiche beruhen in der Nerzzucht aus diesem Grunde nicht auf wissenschaftlicher Grundlage.

Schon innerhalb eines geringen Nerzbestandes von wenigen hundert Stück habe ich Tierverwechslungen beobachtet. In einem Großbetrieb, wie dem untersuchten, mit einigen Tausend Nerzen kommt derartiges natürlich häufiger vor. Durch die größere Zahl der Varianten, es wurden 1015 Verpaarungen untersucht, wird ein Ausgleich eines möglichen Fehlers von dieser Seite her geschafft.

Im Jahr 1950 wurden einjährige und Jungnerze aus einem Rügener Betrieb von Appelburg übernommen, die 1951 als 1- und 2jährige in die Ranz gingen. Sie wurden teilweise untereinander verpaart. Deren Nachkommen gelten noch 1952 als neue 1jährige aus Rügen. Die Zahl der noch von diesen Nerzen lebenden war 1953 zu gering, um sie gesondert aufzuführen, bzw. sind sie in andere Betriebe gegeben worden, weil sie fellmäßig ohne besonderen Zuchtwert waren.

Gelegentlich der nachfolgenden Besprechung wird jeweils auf diese Nerze anderer Herkunft eingegangen.

Aus den an anderer Stelle beschriebenen Gründen fand das Material aus den Jahren 1951, 1952 und 1953 Berücksichtigung.

Die Untersuchungen der Aufzucht im Jahre 1953 laufen nur bis zum 24. August. Dieser Stichtag gilt auch für die Ermittlung des sekundären Geschlechtsverhältnisses 1953. Am 25. 8. 1953 ging an Botulismus die Hälfte des gesamten Nerzbestandes ein, Jungtiere und Alttiere, und wurde damit ein dicker Strich durch alle

Hoffnungen der Züchter, Überlegungen, theoretischen und wissenschaftlichen Arbeiten gezogen.

Da erfahrungsgemäß Nerzverluste im September normalerweise äußerst selten vorkommen, vergleichen wir trotzdem alle jene Punkte, denen der Stichtag 1. 10. in den anderen Jahren zugrunde liegt, und verlegen diesen Stichtag für das Jahr 1953 um etwas mehr als einen Monat voraus.

1. Allgemeine altersmäßige Leistungen der Nerzfähen

Es sei darauf hingewiesen, daß die an anderer Stelle erwähnten Fehlerquellen bei der Ermittlung der Wurfgröße hier für Nerze sich noch stärker auswirken. Es liegt nämlich eine noch größere Zeitspanne zwischen Geburt und erster Meldung. Mit größter Sicherheit treten in dieser Zeit Verluste an Welpen auf. Der Anteil an gemeldeten 2er und 3er Würfen beträgt immerhin 15—20% aller Würfe. Dagegen berichtet SPREHN anläßlich von Züchtertagungen in Berlin und Leipzig, daß sein umfangreiches Sektionsmaterial an Nerzfähen im Stadium der Trächtigkeit gezeigt hat, daß niemals in einer Fähe weniger als 4 Embryonen vorgefunden wurden.

Mitarbeiter eines Nerzzuchtbetriebes in Rostock teilten mit, daß über 40 stichprobenartige Sektionen von ungefähr 200 plötzlich eingegangenen trächtigen Nerzfähen im Jahre 1955 im keinem Fall weniger als 6 angelegte Embryonen erkennen ließen. Und dennoch wurden aus diesem Betrieb von den noch lebenden 200 Fähen 2er und 3er Würfe in o. a. Höhe gemeldet. Das heißt also, daß Nerzwelpen kurz nach der Geburt verloren gehen und schon bei erster Kontrolle nicht mehr erfaßt werden. Möglicherweise haben wir bei Nerzen mit foetaler Atrophie zu rechnen, wie HAMMOND bei Schweinen feststellt. Bei den vergleichenden Untersuchungen bleibt dieser Fehler unberücksichtigt, weil er alle Jahrgänge gleichmäßig betrifft.

Die durchschnittlichen Wurf- und Aufzuchtergebnisse sowie Befruchtungsergebnisse der einzelnen Fähenjahrgänge der Jahre 1951, 1952 und 1953 konnten hinsichtlich ihrer Differenzen durch VA gesichert werden.

Zunächst entnehmen wir der Tabelle, daß sich die Ergebnisse mit denen der über einen Zeitraum von 9 Jahren angestellten Untersuchungen der gleichen Frage decken. Nach dem 3. Lebensjahr läßt die Fruchtbarkeit nach, wie auch eine stär-

Varianzanalyse (Wurfergebnisse)

Streuungsursache	SQ	FG	s^2	F-Test	(P = 5%)
Total	2910	1014			
Jahre	78	2	39,00	14,12	(3,00)
Alter	44	4	11,00	3,98	(2,38)
Innerhalb	2788	1008	2,76		

Varianzanalyse (Aufzuchtergebnisse)

Streuungsursache	SQ	FG	s^2	F-Test	(P = 5%)
Total	3144	1014			
Jahre	139	2	69,30	23,90	(3,00)
Alter	73	4	18,25	6,26	(2,38)
Innerhalb	2932	1008	2,91		

TABELLE 6

Alter der Fähen	Var.-Zahl	durchschn. Wurfergebnis	durchschn. Aufzuchtergebnis abs.	in %	Befruchtungsergebnis %
1	406	4,56 ± 1,628	4,27 ± 1,659	93,6	95,6
2	309	5,28 ± 1,581	4,93 ± 1,708	93,2	98,3
3	183	4,90 ± 1,827	4,58 ± 1,830	93,4	98,3
4	88	4,82 ± 1,694	4,42 ± 1,750	91,7	98,0
5	29	4,17 ± 2,105	4,00 ± 1,990	95,9	100,0

kere Streuung eintritt. Die älteren Fähen zeigen ein hohes Befruchtungsergebnis. Das gleicht aber die geringeren Wurf- und Aufzuchtleistungen nicht aus. Eine Begründung finden wir später in der Betrachtung dieser Ereignisse im Zusammenhang mit Umwelteinflüssen.

Es muß bemerkt werden, daß JOHANNSON ([7], S. 90), gestützt auf Untersuchungen von MOORE und HANNSON (1947), zu dem Ergebnis kommt, daß das Zuchtresultat im 2. Jahr am besten ist.

Die augenscheinlich sehr guten Aufzuchtergebnisse verlieren an Wert, wenn wir die eingangs dieses Abschnittes beschriebenen Fehler in der Angabe der Wurfgrößen betrachten.

Die Ergebnisse der 1jährigen Fähen sind aus den gleichen Gründen gegenüber den 2jährigen Fähen geringer, wie bei den Fuchsfähen beschrieben wurde.

Es wurden die Fähen Rügener Herkunft und die entsprechenden Jahrgänge der Appelburger Fähen in den Wurfergebnissen 1951 und 1952 verglichen mit folgendem Ergebnis:

TABELLE 7

Herkunft	Variantenzahl	Wurfergebnis ⌀	s
Appelburg	556	4,87	1,559
Rügen	85	4,71	1,563

Die Varianzanalyse sichert diese Differenzen.

Varianzanalyse

Streuungsursache	SQ	FG	s^2	F-Test	(P = 5%)
Total	1573	640			
Herkunft	17	1	17,00	6,96	(3,86)
Innerhalb	1556	639	2,44		

Liegen diese Wurfzahlen und auch die absolute sowie relative Aufzucht bei den einjährigen Rügenfähen höher als bei den Appelburger Fähen, so weisen doch die geringeren Befruchtungsziffern auch der 2jährigen Fähen noch darauf hin, daß ein Standortwechsel, verbunden mit krasser Futterumstellung bei einigen Tieren störend wirksam war.

Die gleiche Tendenz zeigt ein Beispiel aus der Versuchsstation für Pelztierforschung Appelburg. Von dieser wurden Nerze aus schlechten Verhältnissen einer anderen Farm Ende 1952 übernommen. Die Fruchtbarkeit dieser Tiere in der alten Farm war beschämend niedrig.

In der folgenden Ranz im Jahre 1953 in der Versuchsstation warfen diese Fähen (1- und 2jährig) 5,9 Welpen pro Wurf. Das Befruchtungsergebnis betrug 92,5% und muß als niedrig erkannt werden, denn gemessen an den Befruchtungsziffern anderer Haustierarten liegen diese bei Nerzen außerordentlich günstig, wie Tabelle 6 zeigt.

2. *Geschlechtsverhältnisse*

Wie bei den Silberfüchsen, so wurden auch bei den Nerzen das primäre und sekundäre Geschlechtsverhältnis untersucht.

Im Durchschnitt aller 3 Jahre und aller Jahrgänge beträgt das primäre Verhältnis 103,8 ♂ : 100 ♀ und das sekundäre Verhältnis 100,6 ♂ : 100 ♀ (ermittelt an etwa 5000 Jungnerzen).

Nach den gleichen Voraussetzungen beträgt die Sterblichkeit der Jungrüden = 6,9%, die der Jungfähen = 4,2%. Die Verhältnisse liegen hier umgekehrt wie bei den Füchsen.

Die Sterblichkeit der männlichen Nerzwelpen ist höher als die der weiblichen. Nachstehendes Kurvenbild vergleicht die Verhältnisse in den einzelnen Jahrgängen.

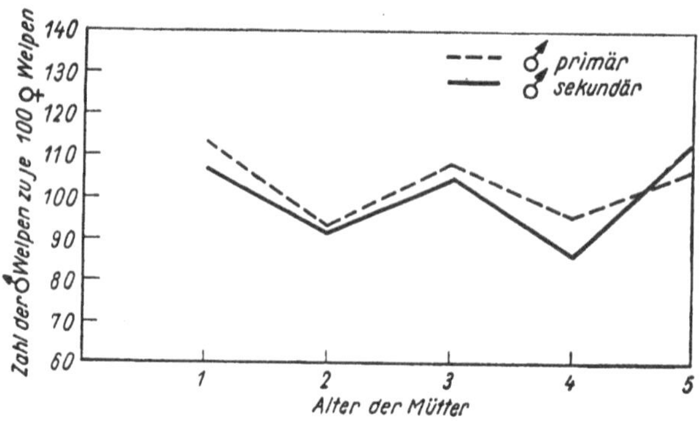

Auch bei der Betrachtung der einzelnen Jahrgänge wird das umgekehrte Bild wie bei den Silberfüchsen aufrechterhalten. Hier liegt durchweg bei den 1- bis 4jährigen Fähen die Sterblichkeit der Jungrüden über der der Jungfähen. Bei den 5jährigen Fähen liegt die Mortalität der Jungfähen höher.

3. *Allgemeine altersmäßige Leistungen der Nerzrüden*

Ohne Berücksichtigung der Jahresunterschiede, des Klimas und der Fütterung seien die altersmäßigen Leistungen zusammengestellt.

Die Zahlen der Spalte 4 entsprechen der Praxis der Zucht, in der die einjährigen Rüden mit großer Schonung verpaart werden. Das wird einmal getan, um die fellmäßige Vererbung der noch unerprobten Rüden abzuwarten, zum anderen ihr

TABELLE 8

Alter der Rüden	Zahl der Rüden	Zahl der Würfe	durchschn. Zahl der mit Erfolg gedeckten Fähen	Befruchtungsergebnis %	durchschn. Zahl der insgesamt gezeugten Welpen	durchschn. Zahl der Welpen pro gezeugten Wurf
1	2	3	4	5	6	7
1	95	300	3,9	95,1	18,9	4,96 ± 1,597
2	56	332	7,1	97,3	34,2	4,87 ± 1,683
3	30	158	5,5	98,7	25,0	5,07 ± 1,670
4	11	75	7,2	100,0	30,5	4,60 ± 1,700
5	11	72	6,6	98,8	33,2	4,47 ± 1,685
6	7	46	6,5	100,0	31,5	4,78 ± 1,717

Benehmen und den Erfolg der Deckungen zu beobachten. Das ist wohl begründet, denn der relativ hohe Anteil an Fehldeckungen durch junge Rüden (s. Spalte 5) bestätigt die Unsicherheit in dieser Hinsicht. Bei der aus Rentabilitätsgründen starken Einschränkung der Rüdenzahl und dementsprechend hohen Einsatz jedes Rüden kann das Versagen eines Rüden unliebsame Folgen haben. Nehmen wir beispielsweise einen 2jährigen Rüden. Er wird mit 7 Fähen angepaart. Ist der Rüde aus irgendeinem Grunde steril, so tritt ein Ausfall von 34 Welpen ein, überdies belasten die 7 leeren Fähen den Futterhaushalt ein ganzes Jahr und der untaugliche Rüde noch obendrein.

Die älteren, nunmehr erprobten Rüden zeigen bedeutend bessere Befruchtungsergebnisse.

Die Zahl der Welpen pro gezeugten Wurf liegt bei den einjährigen Rüden günstig. In den anderen Jahrgängen sind diese Zahlen sehr wechselnd und ergeben kein klares Bild. Der volle Einsatz gut gepflegter und gefütterter Rüden bis in das 6. Lebensjahr ist angebracht.

Eine Gegenüberstellung der Leistungen der Rüden aus Appelburg und der von Rügen (gleiche Altersklassen 1951 und 1952) ergeben folgendes Bild:

Herkunft	Zahl der Rüden	Zahl der Würfe	durchschn. Zahl der Welpen pro gezeugten Wurf	s
Appelburg	91	488	4,93	1,537
Rügen	22	130	4,63	1,590

Dieser Rüdenvergleich hat das gleiche Ergebnis wie der Fähenvergleich. Die Differenz ist gesichert.

Varianzanalyse

Streuungsursache	SQ	FG	s^2	F-Test	(p = 5%)
Total	1509	617			
Herkunft	30	1	30,00	12,50	(3,86)
Innerhalb	1479	616	2,40		

4. Die Fruchtbarkeit der Nerzfähen in Abhängigkeit von dem Ortsklima

Als Material lagen wiederum die Fruchtbarkeitsuntersuchungen aus den Jahren 1951, 1952 und 1953 zugrunde sowie die täglichen Wettermeldungen der Ve.-Pelztierfarm Appelburg aus diesen 3 Jahren.

Zwecks schneller Vergleichsmöglichkeit sei wiederum eine Abb. gezeigt mit den Wurf- und Aufzuchtleistungen sowie den Befruchtungsziffern im Vergleich der 3 Jahre. Diese Abb. ist jeweils mit den Kurvenbildern der Witterungsfaktoren zu vergleichen, die in dem analogen Abschnitt über die Fruchtbarkeit der Silberfuchsfähen vorliegen.

Die Jahresdurchschnittswerte lauten:

TABELLE 10

Jahr	Wurfgröße	davon aufgezogen	leere Fähen %	Luftdruck mm	Temperatur °C	Niederschläge mm	Luftfeuchtigkeit %
1951	4,52	4,33	4,7	774	7,45	668	66
1952	4,92	4,62	1,6	778	7,13	620	58,9
1953	4,90	4,55	2,3	780	7,88	451	56,4

In dieser Aufstellung sind keine Zusammenhänge zu erkennen. Wir müssen vielmehr die Witterung in den entscheidenden Zuchtperioden untersuchen.

A. Luftdruck

Bei der Betrachtung der Luftdruckkurve zwingt sich uns wieder der krasse Druckwechsel Januar—Februar—März 1951 auf. Mitte März beginnt schlagartig die Nerzranz. Der Druckunterschied vom Februar zum März beträgt 31 mm. Gleichzeitig erleben wir in der Ranz 1951 eine sehr hohe Sterilität der Nerzfähen. Eine Ursache fanden wir in dem erstmaligen Einsatz von Rügener Nerzen in diesem Jahr, von denen einige versagten. Ein Einfluß des Luftdruckes auf die Befruchtungsergebnisse läßt sich auf Grund dieser Ergebnisse vermuten, ist aber nicht bewiesen. Die mit dem niedrigen Luftdruck einhergehenden hohen Niederschläge werden wahrscheinlich einen größeren Einfluß haben.

Im weiteren Verlauf des Jahres 1951 ist der Luftdruck bis zum Oktober ausgeglichen, wenn auch insgesamt geringer als in den anderen Jahren.

B. Temperatur

Die Temperatur im März 1951 zeigt noch Minusgrade. Auch in der Wurfzeit der Nerze Anfang Mai herrschen 1951 geringere Temperaturen als in den beiden anderen Jahren. Das sind ungünstige Umstände, die ihr Teil zu der geringen Fruchtbarkeit der Nerzfähen 1951 beitragen. Dabei ist die kühle Witterung um 10° herum mit kühleren Nachttemperaturen für die neugeborenen Welpen, die teilweise im Freien geworfen werden, das heißt außerhalb der Nestkiste im Gehege, gefährlicher als die Minusgrade während der Ranz, solange es trocken dabei ist.

C. Niederschläge

Aber wir erkennen aus der Kurve der Niederschläge, daß im März 1951 wie auch in der Wurfzeit im Mai sehr hohe Niederschläge fielen. Diese naßkalte Witterung in der Ranz und Wurfzeit hat mit großer Sicherheit eine negative Wirkung auf die Fruchtbarkeit, wobei, wie aus der Abb. zu erkennen ist, die über 2 Jahre

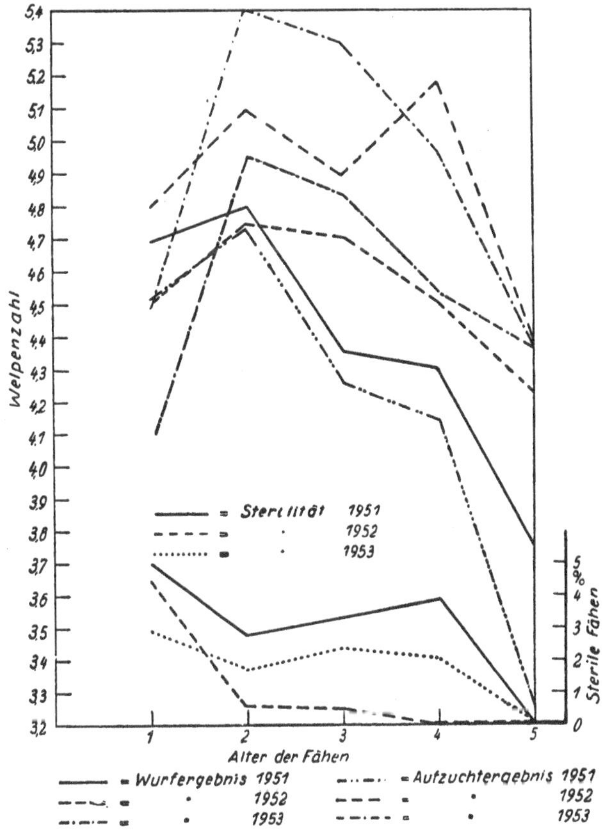

Zusammenfassung der Fruchtbarkeitsuntersuchungen an Nerzfähen

alten Fähen am stärksten betroffen werden, was die Wurfleistung anbelangt. Diese Tatsache stimmt überein mit der bereits erwähnten Feststellung, daß die Nerzfähen in den entscheidenden Perioden zu schlecht gefüttert werden. Ungünstigen äußeren Einflüssen erliegen sie deshalb viel eher, besonders dann, wenn sie sich als Jungfähen schon mit größeren Würfen verausgaben. Jedem Nerzzüchter ist die große Empfindlichkeit der Nerze gegen Erkältungen bekannt, die über Lungenentzündung zum Exitus führt. Abgesehen von Futtervergiftungen und Seuchen (Staupe), die zu plötzlichen Massensterben führen können, sind Erkältungskrankheiten mit tödlichem Ausgang die häufigsten Todesursachen bei Nerzen.

Das Frühjahr 1952 und 1953 ist recht trocken, die Befruchtungsziffern sowie Wurfgrößen in den gleichen Jahren sind gut.

D. Luftfeuchtigkeit

Ein Einfluß der Luftfeuchtigkeit auf Funktionen der Fortpflanzungsorgane in einer kurzen Periode ist unwahrscheinlich. Darüber hinaus zeigt sich die Luftfeuchtigkeit insgesamt und monatsmäßig in den 3 Jahren etwa ausgeglichen, gegenüber wechselnden Leistungen der Fruchtbarkeit. Es ist keine Tendenz zu bestimmen.

5. Die Fruchtbarkeit der Nerze in Abhängigkeit von der Fütterung

Vergleichbares Material über die Fütterung habe ich nach der gleichen Methode gewonnen, wie ich es bei gleichen Untersuchungen für die Silberfüchse beschrieben habe. Die Einteilung der Nerze in Gruppen zeigt einige chronologische Unterschiede in der Festlegung der Perioden.

Gruppeneinteilung Nerze:

Gruppe 1	Fähen	vom 1. 1. bis 15. 3.	Vorranz und Ranz	74 Tage
Gruppe 2	gedeckte Fähen	vom 16. 3. bis 6. 5.	Tragezeit	52 Tage
Gruppe 3	führende Fähen	vom 7. 5. bis 6. 7.	Säugezeit und Aufzucht	61 Tage
Gruppe 4	Fähen	vom 7. 7. bis 31. 12.	Erhaltung	178 Tage
Gruppe 5	Rüden	vom 1. 1. bis 12. 4.	Vorranz und Ranz	112 Tage
Gruppe 6	Rüden	vom 13. 4. bis 31. 12.	Erhaltung	253 Tage
Gruppe 7	Jungnerze	vom 7. 7. bis 31. 12.	Aufzucht	178 Tage

Die beschriebenen Fehler in der Berechnung der Futtermengen für jedes Tier pro Tag einer Periode gelten hier in gleichem Maße.

Die Tabellen liegen vor im Anhang S. 121 bis 127. Jedes Detail des Gesamtbegriffes „Fütterung“ habe ich jahresmäßig vergleichend in Kurven dargestellt (s. Kurvenbilder).

Die Besprechung geschieht gruppenweise.

Gruppen 1 und 5

Diese Gruppen umfassen bei Nerzen einen größeren Zeitraum, nämlich 74 Tage, als die gleichen Gruppen bei den Füchsen mit 45 Tagen. Dabei verläuft die Ranz selber in einem kürzeren Zeitraum, auch bei großen Tierzahlen, als bei den Füchsen. Die Nerzranz begann in diesen 3 Jahren in Appelburg am 12. März und war spätestens am 31. 3. abgeschlossen, einschließlich Nachdeckung, die 7 bis 10 Tage nach der Deckung an jeder Fähe vorgenommen wird, bei 25% aller Fähen aber nicht mehr zustandekommt. Das heißt, daß eine verhältnismäßig lange Vorranz-Periode und damit auch Vorfütterungsperiode in diesen 74 Tagen eingeschlossen ist, die von Bedeutung für die Fruchtbarkeit, vor allem für die Aufnahmefähigkeit der Fähen und Befruchtungsfähigkeit der Rüden sein kann.

Mengenmäßig erhielt die Gruppe 1 sehr unterschiedliches Futter, wobei von Jahr zu Jahr erheblich weniger Futter verabreicht wird.

Die Rüden in Vorranz-Ranz bekommen 1952 sehr kleine Rationen, die nach unseren Erfahrungen unter Berücksichtigung der Qualität kaum über den Erhaltungsbedarf hinausgehen. Die Befruchtungsfähigkeit der Rüden war 1952 geringer als in den anderen Jahren, während die Zahl der Welpen pro gezeugten Wurf 1952 zwischen den entsprechenden Werten von 1951 und 1953 liegt.

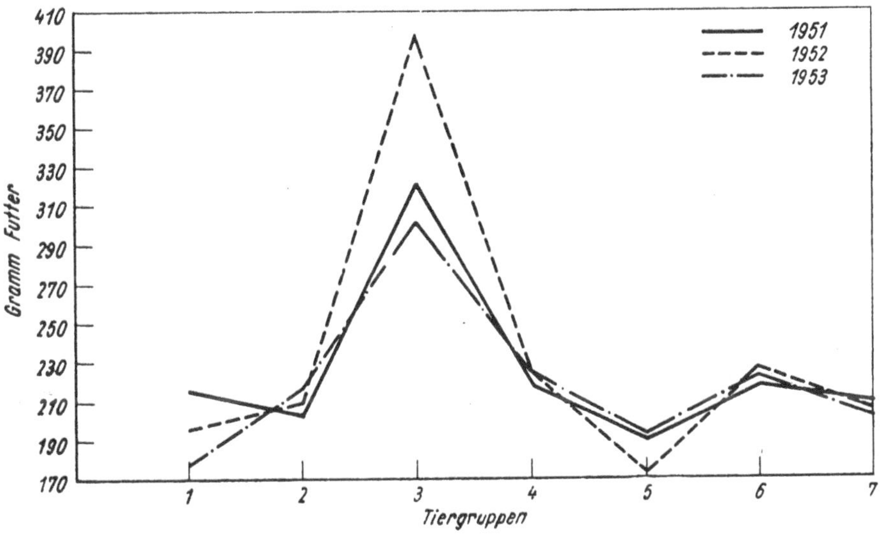

Grammkurve (pro Tier und Tag) Tierfütterung Nerze

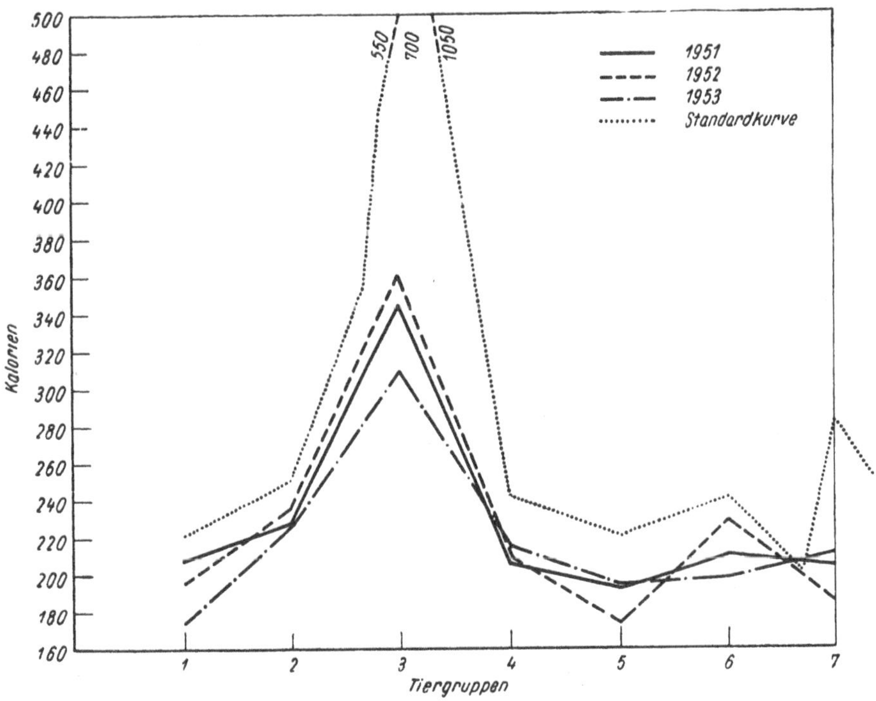

Kalorienkurve (pro Tier und Tag) Tierfütterung Nerze

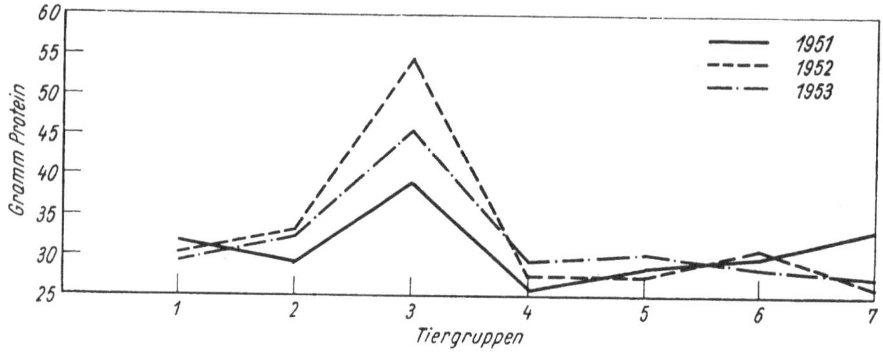

Proteinkurve (pro Tier und Tag)

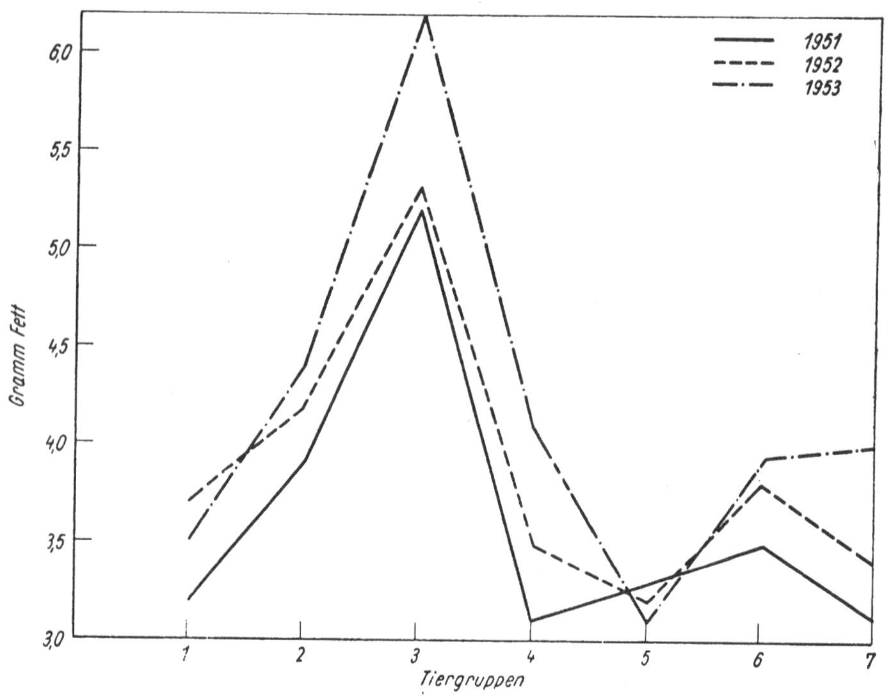

Fettkurve (pro Tier und Tag) Tierfütterung Nerze

Der Verlauf der Kalorienkurven folgt in diesen Gruppen den Grammkurven. Interessant ist wiederum die Standardkurve der sowjetischen Fütterungslehre für Nerze. Sie schreibt für Tiere der Gruppen 1 und 5 täglich 220 Kalorien in dem Futter vor. In keinem Jahr wurde in Appelburg diese Zahl erreicht, lag vielmehr in Gruppe 1 1953 und in Gruppe 5 1952 weit darunter. Erstaunlich ist dabei, daß die Fruchtbarkeit der Fähen 1953 bei offensichtlicher Mangelfütterung in Vorranz und Ranz recht gut und weit besser als 1951 war. Der Anteil an

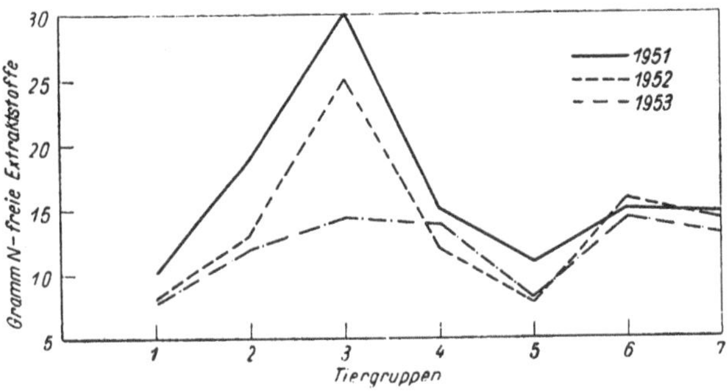

Kurve der N-freien Extraktstoffe (pro Tier und Tag) Tierfütterung Nerze

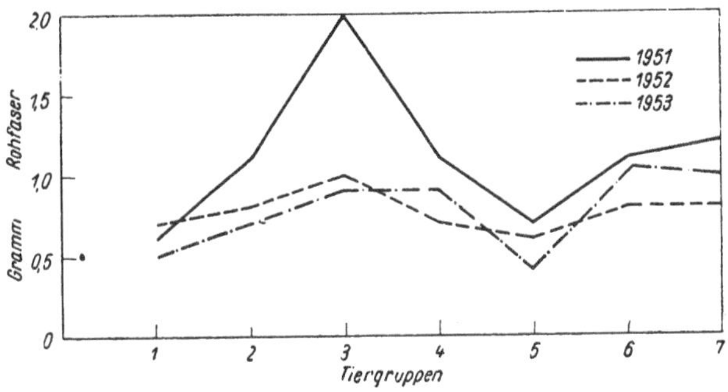

Rohfaserkurve (pro Tier und Tag) Tierfütterung Nerze

Roheiweiß war in dem Nerzfutter aller 3 Jahre etwa gleich, differiert also mit den Futtermengen im gleichen Sinne.

Die Fettkurve zeigt, daß das Nerzfutter 1951 in Gruppe 1 außerordentlich fettarm ist, dagegen enthält es mehr Kohlenhydrate. So bedenklich ein Zuviel an Fett in dieser Periode sein kann, so aber ebenfalls ein Zuwenig, wenn wir vor Augen halten, daß diese Zeit in die kältesten Wintermonate eines Jahres fällt, und im Interesse des natürlichen höheren Energieumsatzes die Fettmenge reichlicher bemessen werden sollte. Dabei ist der Anteil an Kohlenhydraten nicht entsprechend viel höher, um dem Rubnerschen Gesetz der isodynamen Vertretung der Nährstoffe, in diesem Falle bezüglich Kohlenhydrate und Fette, eine Auswirkung nachzusprechen. Das Rüdenfutter enthält 1951 absolut und relativ mehr Fett, 1953 absolut und relativ erheblich weniger Fett. Außerdem liegt der Anteil an Kohlenhydraten 1951 absolut und relativ hoch, 1953 rel. niedrig. Offensichtlich sind die Rüden 1953 in der für diese Zeit wichtigen Nährstoffgruppe benachteiligt. Ihre Leistungen sind aber gut.

Die Rohfasermengen differieren in den 3 Jahren in Gruppe 1 um 0,2 g max., in Gruppe 5 um 0,3 g max.

Gruppe 2

Ein Einfluß in dieser Periode der Trächtigkeit kann für die Wurfergebnisse von Bedeutung sein, wie auch für die Gesundheit der Fähe.

In den 3 Jahren sind die Futtermengen nicht sehr unterschiedlich, im allgemeinen aber sehr knapp. Das kommt wieder in dem Bild der Kalorienkurven zum Ausdruck. Das Weniger an Gramm 1951 und 1952 wird durch bessere Qualität kalorienmäßig ausgeglichen.

Der Eiweißanteil hat für Gruppe 2 große Bedeutung. Gerade diesen finden wir 1951 mit 29,1 g täglich reichlich niedrig, auf jeden Fall niedriger als in den anderen Jahren.

Die Fettmenge liegt ebenfalls unter der der anderen Jahre, während N-freie Extraktstoffe und Rohfaser 1951 weit mehr verabreicht werden. Insgesamt ist die Fütterung der tragenden Fähen unphysiologisch. Im Zusammenwirken mit dem gleichzeitigen ungünstigen Klima dürften hier Ursachen für die geringe Fruchtbarkeit der Nerzfähen im Jahre 1951 gesucht werden.

Gruppe 3

Die säugenden und führenden Nerzfähen bekommen 1952 erheblich mehr Futtermasse als in den anderen Jahren. Allerdings ist der Kalorienwert dieses Mehrfutters nicht hoch. Die 1952 verabreichten 360 Kalorien täglich sind etwas mehr als ein Drittel der in der Sowjetunion obligatorischen Norm.

Wohl ist die Fruchtbarkeit der Nerze in Appelburg befriedigend, 1952 sogar in jeder Richtung sehr gut, aber vermißt werden bei der knappen Fütterung die robuste Konstitution und die wirklich großen Tiere mit erstklassigen, besten rauchen Fellen. Wieviel erbmäßig veranlagte Eigenschaften bleiben ungenutzt. Von diesem Gesichtspunkt aus, kann uns die Fütterung keineswegs befriedigen.

Die Verbesserung muß in der Qualität liegen. Mengenmäßig kann die Fütterung nur wenig hochgeschraubt werden.

Die Eiweißmenge 1951 hebt sich nur um 9 g gegenüber der Eiweißgabe an die Fähen in Vorranz und Ranz. Diese Tatsache kann man getrost als Fehlfütterung bezeichnen.

Die Fettmenge steigert sich absolut von 1951 an von Jahr zu Jahr und erreicht 1953 eine einigermaßen ausreichende Höhe.

Das Futter des Jahres 1953 ist dagegen außerordentlich arm an N-freien Extraktstoffen und erreicht nicht einmal die Hälfte des Anteils dieser Nährstoffgruppe wie im Futter 1951. Auch 1952 ist das Futter arm an N-freien Extraktstoffen.

Über einen Bedarf der Nerze an Rohfaser ist nichts bekannt. Dieser dürfte ganz minimal sein, wenn wir die Rohfaser streng als Substanz aus Zellulose, Pentosanen und Lignin, also vor allem als pflanzliche Gerüststoffe betrachten. Bei den Fleischfressern interessiert uns eine andere Art von Rohfaser, nämlich die aus tierischen Gerüststoffen, die für das Tier unverdaulich oder doch sehr schwer verdaulich sind. Das wären Substanzen aus Chitin, Keratinen, Elastinen, Kollagenen in Tierhaaren, Insektenschalen, Knochen, Knorpel, Fischschuppen usw.

In der Ernährungslehre für Pelztiere hat die tierische Rohfaser, wenn wir sie so nennen wollen, Bedeutung. Sie wurde aber in den Zahlen nicht erfaßt.

Um also bei den Zahlen zu bleiben, müssen wir erkennen, daß 1953 weit mehr, ja die doppelte Menge an Rohfaser gefüttert wurde als in den anderen Jahren.

Die Sterblichkeit der Welpen und die Fruchtbarkeit der Jungnerze in der kommenden Ranz als Kriterien eines Futtereinflusses in dieser Periode stehen in keinerlei Beziehung zu den als Mangel oder ausreichend deklarierten Futterverhältnissen.

Gruppen 4 und 6

Das ist die Periode der Rekonvaleszens der Fähen, der Erhaltung der Altnerze und der Fellausbildung.

In allen 3 Jahren erhalten Tiere dieser Gruppen etwa gleiche Futtermengen, die auch in Gruppe 4 an Kalorien gleich sind, deren Kalorienzahlen in Gruppe 6 sich jedoch unterscheiden.

Die Proteinmenge beider Gruppen könnte höher liegen, besonders für die Fähen 1951.

Die Fettkurven weichen stark voneinander ab. 1953 befriedigt die Fettmenge, 1952 gibt es weniger und 1951 reicht die Menge bei den Fähen auf keinen Fall aus.

Die beiden wichtigen Nährstoffgruppen Eiweiß und Fett mangeln in der Fütterung der Fähen 1951. Wenn wir einen Einfluß auf die Fruchtbarkeit erwarten, dann muß sich dieser in der nächstfolgenden Ranz und Wurfzeit auswirken. Erstaunlicherweise zeigen die Nerzfähen im Jahre 1952 eine großartige Fruchtbarkeit, also Befruchtungsergebnis, Wurfgröße und Aufzuchtleistung.

Rohfaser und N-freie Extraktstoffe werden 1951 etwas mehr verabreicht, sind m. E. aber in Mengenunterschieden und Effekt von wenig Bedeutung.

Gruppe 7

Hier finden wir die heranwachsenden Jungnerze. In dieser Gruppe würde ich am allerwenigsten mit Futter sparen, hängt doch zu einem großen Teil die Lebensleistung jedes Tieres von der Jugendernährung ab.

Ausgeglichen aber knapp ist die Futtermenge in den 3 Jahren in Gruppe 7. Der Kaloriengehalt liegt weit unter der Norm, dabei im Jahre 1952 am niedrigsten.

Der Eiweißgehalt des Futters ist 1951 für die Jungtiere recht gut, aber vollkommen ungenügend in den beiden anderen Jahren. Die höheren Fettgaben 1953 und 1952 können in dieser Periode des Wachstums keinen Ausgleich schaffen.

N-freie Extraktstoffe werden in Mengen zwischen 12,5 und 15 g täglich in den 3 Jahren verabreicht. Das ist eben ausreichend.

Die Rohfasermengen liegen in diesen Jahren zwischen 0,8 und 1,2 g. Die Mengenverabfolgung nach unten hin ist bedeutungslos, während kurzfristig hohe Gaben besonders bei Jungtieren zu Verstopfung, Magen-Darmentzündung und Exitus führen können. Wir haben Verluste an Jungnerzen erlebt, wenn

Spinat mit Wurzeln, etwas älteres Grünfutter, leicht holziger Kohlrabi usw. gegeben wurde, obgleich diese Futtermittel im Cutter oder Fleischwolf fein zerkleinert worden sind und nur in geringen Mengen im Mischfutter enthalten sind.

Zusammenfassend ist zu diesem Abschnitt zu sagen, daß die Nerzfütterung besonders qualitativ ungenügend ist. Darüber hinaus werden die Nährstoffgruppen unphysiologisch eingesetzt.

Was bei der Bearbeitung dieses Materials nicht zum Ausdruck kommt, ist die Feststellung, daß Fähen mit großen Würfen (> 9 Welpen) im folgenden Jahr nur geringe Wurfgrößen haben bzw. steril sind. Nachdem eine Fähe also einen großen Wurf aufgezogen hat, ist sie „fertig", verbraucht, die Konstitution geschwächt. Diese Erscheinung der ungenügenden Konstitution der Nerze kommt auch in der Kurzlebigkeit zum Ausdruck. Nach 3, höchstens 4 Jahren bemerken wir einen starken Leistungsrückgang hinsichtlich der Fruchtbarkeit. Das muß durchaus nicht so sein, sind uns doch aus der Literatur Fälle bekannt, in denen 8- und 9jährige Nerze noch gute Fruchtbarkeit beweisen [31].

Den Appelburger Nerzen fehlt also die starke Konstitution. Darin erkennen wir allerdings einen Einfluß der Fütterung. Lange Leistungsfähigkeit muß auch ein Ziel der Nerzzucht sein und hierbei kann durch zweckentsprechendes Füttern mitgeholfen werden.

E. Die Fellqualität der Silber- und Platinfüchse in Abhängigkeit von Alter, Klima und Fütterung

Das Fell ist die spezielle Leistung der Edelpelztiere. Die Beurteilung des Wertes eines Felles ist im höchsten Grad subjektiv sowohl bei der Einschätzung eines bereits zugerichteten Felles als noch mehr bei der Bonitierung der Felle am lebenden Tier. Dabei liegt ein wesentlicher Teil der Bewertung in der Beurteilung der Rauche eines Felles. Den Begriff „rauch" können wir am besten definieren, wenn wir die Ausführungen von SCHMIDT ([26], S. 36) darüber lesen. Er schreibt: „Die Unterwolle muß dazu weich und dicht sein und das Grannenhaar gut stützen, so daß das ganze Fell füllig und weich wirkt. Die Grannenhaare müssen voll, weich und doch elastisch sein, über der Unterwolle stehen; das Fell muß Spiel und Charakter haben. Seidigkeit, Weichheit, Elastizität, Fülle, richtiges Verhältnis zwischen Ober- und Unterhaar, alles in einem Begriff zusammengefaßt heißt rauch."

Es ist natürlich klar, daß alle diese Eigenschaften nur durch die fühlende Hand eines guten Pelzfachmanns erkannt werden können. Durch metrische und histologische Haaruntersuchungen lassen sich wohl objektive Maße schaffen. Diese können einer Fellbeurteilung zugrundegelegt werden aber kaum angewandt werden. Man kann doch nicht aus dem Fell eines Fuchses oder Nerzes von einer Flächeneinheit an einer oder an mehreren Stellen Haare abschneiden wie aus dem Vlies eines Schafes. Es ist jedem klar, daß dieses Fell unerhört an Wert verlieren würde.

Neben der Struktur des Felles spielt die Farbe eine sehr große Rolle, die in starkem Maße von der jeweiligen Moderichtung in ihrem Wert beeinflußt wird.

Das ist besonders der Fall bei dem Grad der Silberung. Wir unterteilen die Silberfüchse nach dem von den hinteren Körperteilen nach vorne fortschreitenden Grad der Silberung in 25%, 50%, 75% und 100% Silberfüchse. Nun gefällt es der Mode, einmal hellsilbrige Pelze zu empfehlen, ein anderes Mal knappsilbrige Pelze und Bevorzugung der dunkel-blauschwarzen Farbe.

Abgesehen von dem wechselnden Grad der Silberung, die hervorgerufen wird durch einen reinweißen, klar begrenzten, nicht zu schmalen Ring im oberen Drittel der blauschwarzen Granne, verlangt man einen guten Schleier. Der Eindruck des Schleiers wird gewonnen durch die das Silberband überragenden schwarzen Grannenspitzen. Die Unterwolle soll dunkelschiefergrau sein, mit ausgeprägtem reinweißen Tip (weiße Luntenspitze). Eine Scheitelung des Felles auf dem Rücken, Silberinseln, Brillen (schüttere Stellen), beriebenes Haar, meist an den Seiten und Keulen sowie verfilzte Haarpartien sind einige Fehler.

Das vorweg zur Fellbeurteilung.

1. Die Fellqualität der Silber- und Platinfüchse in Abhängigkeit von dem Alter

Zur Feststellung dieser Beziehung wurden zwei Wege beschritten. Einmal wurden die von Fachleuten des Fellhandels geldmäßig ausgedrückten Fellwerte aus der Pelzung 1952/53 ausgewertet, zum anderen die von der Zuchtleistung der Ve.-Pelztierfarm am lebenden Tier festgelegten Fellnoten der Jahre 1951, 1952 und 1953 untersucht.

Der ersten Methode lagen 3096 Fellpreise zugrunde. Die Fellpreise stellen den Erlös aus den Fellen dar, die im rohen Zustand von der Ve.-Pelztierfarm sofort nach dem Pelzen an die Zurichterei geschickt werden, und bei der Übernahme von dem VEAB (TR) Leipzig durch Fachleute preismäßig bewertet werden. Die Methode ist insofern nicht korrekt, als die erzielten Fellpreise nicht in jedem Fall die biologische Wertigkeit eines Felles widerspiegeln, sondern auch den ökonomischen Wert ausdrücken. Diese Unkorrektheit trifft aber alle Felle und läßt einen Vergleich der Jahrgänge zu. Zur Vereinfachung der statistischen Berechnungen wurden die Fellpreise in 10 Fellpreisgruppen zusammengefaßt, die um je 50 DM differieren und folgendermaßen aussehen:

Fellpreispruppen Füchse

1	2	3	4	5	6	7	8	9	10
DM 0 bis DM 49	50 bis 99	100 bis 149	150 bis 199	200 bis 249	250 bis 299	300 bis 349	350 bis 399	400 bis 449	450 bis 499

Von diesen 3096 gepelzten Füchsen befanden sich 701 Stück, die 3 Monate in Absatzschuppen, also unter Dach, gehalten worden waren. Es bot sich dabei die Gelegenheit, auch die Frage Schuppenhaltung oder Gehegehaltung für Pelzfüchse zu untersuchen. Das Ergebnis ist klar. Nachfolgende Tabellen mögen das bestätigen. In der Zusammenfassung finden wir folgendes Bild:

TABELLE 12

Tierart	Fellpreisgruppen der Füchse aus				Differenz
	Var.-Zahl	Gehegehaltung	Var.-Zahl	Schuppenhaltung	
Sifu ♀	995	5,19 ± 1,113	275	5,82 ± 1,169	+0,63
Platin ♀	70	4,43 ± 1,618	17	6,02 ± 0,889	+1,59
Sifu ♂	1 241	7,04 ± 1,239	385	6,73 ± 1,333	—0,31
Platin ♂	79	6,22 ± 0,747	24	6,82 ± 1,762	+0,60

Wir finden also die besseren Fellqualitäten bei den in Schuppen gehaltenen Füchsen. Eine Ausnahme machen die Silberfuchsrüden. Die Schuppenhaltung scheint bei den Rüden, die vom Februar bis Dezember in Ruhe und unter gleichmäßigeren Bedingungen leben als Fähen mit Würfen, keine besonderen Vorteile zu bringen. Es ist also zu empfehlen, die zu pelzenden Altfähen nach dem Absetzen der Welpen bevorzugt in die Absatzschuppen zu setzen.

Unter diesem gleichen Gesichtspunkt wurden auch jahrgangsweise die Untersuchungen vorgenommen und die Ergebnisse zunächst in Kurvenbildern dargestellt.

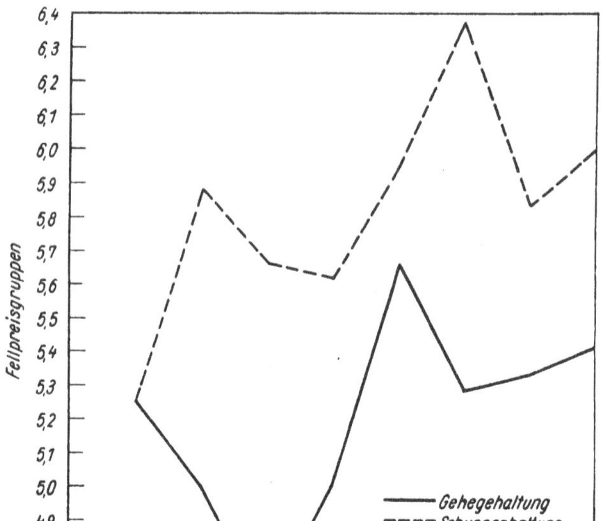

Inzwischen noch eine Erklärung über die Altersbestimmung. Die Masse aller Füchse wird im Dezember gepelzt. Die Masse der Füchse wird im April geboren. Daraus ergibt sich, daß die als 1jährig deklarierten Fähen tatsächlich erst 8 Monate alt sind, die mit dem Alter von 2 Jahren benannten Fähen erst 1 Jahr und 8 Monate alt sind und so in jeder Altersstufe. Soweit nicht schon diese Angaben präzisiert wurden, müssen diese Dinge jeweils beachtet werden. Aus diesem Grund wurden in dem Kurvenbild für Silberfuchsrüden bei der Altersbezeichnung schon $^1/_2$, $1^1/_2$ usw. Jahre angegeben.

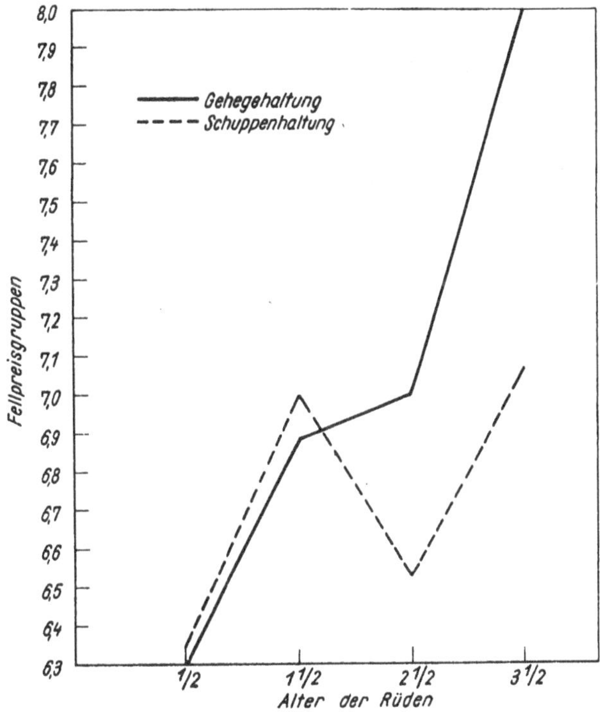

Untersuchung Fellqualitäten der Silberfuchsrüden 1952/53

Aus diesen Darstellungen geht nochmals hervor, was bereits die Tabelle feststellte, daß nämlich die Fellqualitäten der in Schuppen gehaltenen Tiere besser sind als die in Gehege gehaltenen Tiere außer den Silberfuchsrüden. Zu dem gleichen Ergebnis führten auch Versuche der Versuchsstation für Pelztierforschung Appelburg. Schon die einfache Überdachung von Fuchsgehegen und auch Nerzgehegen führte zu besseren Fellqualitäten, die besonders in der Klarheit der Farben und dem besseren Glanz der Felle zum Ausdruck kam.

Auf technische Einzelheiten kann im Rahmen dieser Arbeit nicht eingegangen werden. Einige Aufnahmen mögen die Dinge demonstrieren.

Nun zu dem Problem „Alter und Fellqualität". Die Einzelergebnisse liegen auf den Seiten 130 bis 137 des Anhangs vor. Die Besprechung erfolgt nach Fuchsrassen und Geschlechtern.

An dieser Stelle seien die Varianzanalysen eingeflochten, die die Differenzen der Fellqualitäten zwischen Schuppen- und Gehegehaltung wie auch zwischen den Altersklassen sichern. Nur die Differenzen zwischen den Altersklassen der Platinfähen konnten nicht gesichert werden.

Abb. 1. Gehegeanlage für Edelfüchse

Abb. 2. Rohrgedeckter Absatzschuppen für Pelzungsfüchse, in Einzelzwinger unterteilt.

Länge des Schuppens beliebig bis zu 100 m

Abb. 3. Unbedeckte Fuchsgehege

Abb. 4. Fuchsgehege mit Schutzdächern

Abb. 5. Vorn unbedeckte, hinten mit abnehmbaren Schutzdächern bedeckte Absatzgehege für Nerze

Varianzanalyse (Silberfuchsfähen)

Streuungsursache	SQ	FG	s^2	F-Test	(P = 5%)
Total	1927	1269			
versch. Haltung	147	1	147,0	111,25	(3,85)
Alter	112	7	16,0	12,11	(2,02)
Innerhalb	1668	1261	1,32		

Varianzanalyse (Platinfähen)

Streuungsursache	SQ	FG	s^2	F-Test	(P = 5%)
Total	98	86	10,00		
versch. Haltung	10	1		9,62	(3,96)
Alter	1	1	1,00	0,96	(3,96)
Innerhalb	87	84	1,04		

Varianzanalyse (Silberfuchsrüden)

Streuungsursache	SQ	FG	s^2	F-Test	(P = 5%)
Total	3009	1625			
versch. Haltung	33	1	33,00	18,34	(3,85)
Alter	62	3	20,66	11,48	(2,61)
Innerhalb	2914	1621	1,80		

Varianzanalyse (Platinrüden)

Streuungsursache	SQ	FG	s^2	F-Test	(P = 5%)
Total	145	102			
versch. Haltung	65	1	65,00	97,00	(3,94)
Alter	13	1	13,00	19,40	(3,94)
Innerhalb	67	100	0,67		

A. Die Fellqualität verschieden alter Silberfuchsfähen aus Gehegehaltung (S. Tab. 11 bis 18, S. 131—132 des Anhangs)

Die Ergebnisse hierzu bringen keine Überraschungen. Die Mittelwerte weichen in keiner Altersstufe bemerkenswert von dem Gesamtmittelwert ab. Die $4^1/_2$ bis $7^1/_2$jährigen Fähen liegen über dem Durchschnitt. Der geringe Mittelwert der $2^1/_2$jährigen Fähen findet darin seine Erklärung, daß diese Fähen (Jahrgang 1950) der erste Jahrgang nach dem Ausfalljahr 1949 sind. Sie sind also Nachkommen von Müttern, die 1949 stark in ihrer Konstitution gelitten haben, seien es Altfähen oder einige der wenigen 1949 geborenen Tiere, die 1950 zur Zucht angesetzt wurden. Wir können keine endgültige Schlußfolgerung aus diesen Untersuchungen ziehen.

B. Die Fellqualität verschieden alter Silberfuchsfähen aus Schuppenhaltung (S. Tab. 1 bis 8, S. 130 des Anhangs)

Im Vergleich zu dem Gesamtmittelwert der Fähen aus Gehegehaltung mit 5,19, liegt dieser bei den Fähen in Schuppenhaltung bei 5,87. Bis auf den Mittelwert der $^1/_2$jährigen Fähen weichen die Ergebnisse der übrigen Jahrgänge nicht sehr erheblich hiervon ab. Mit zunehmendem Alter ist keine Tendenz in positiver oder negativer Richtung hin zu beobachten, doch zeigen die $4^1/_2$ bis $7^1/_2$jährigen Fähen bessere Werte.

Der Unterwert der $^1/_2$jährigen Fähen liegt wahrscheinlich mit an der geringen Größe der Felle. Es ist möglich, daß das Größenwachstum der Jungfüchse in den kleinen Zwingern des Schuppens hinter dem der Gehegefüchse zurück bleibt. Trotz der besseren mikroklimatischen Bedingungen in dem Schuppen liegt der Mittelwert der $^1/_2$jährigen Gehegefüchse höher als bei den Füchsen aus Schuppenhaltung. Diesen Ausgleich könnte eine bessere körperliche Entwicklung herbeigeführt haben. Diese Erscheinung ist jedoch nur bei den Silberfuchsfähen zu beobachten, stellt also die Schlußfolgerung in Frage.

C. Die Fellqualität verschieden alter Platinfuchsfähen aus Gehege- und Schuppenhaltung (S. Tab. 19 und 20, S. 132 und Tab. 9 und 10, S. 131 des Anhangs)

Die Zahl der Varianten bei den $1^1/_2$- und $2^1/_2$jährigen Fähen ist zu gering, um etwas auszusagen. Bemerkenswert ist jedoch, daß die $^1/_2$jährigen Platinfähen bessere Qualitäten aufweisen, als die gleichaltrigen Silberfuchsfähen, sowohl bei dem Rassenvergleich in Gehegehaltung als auch Schuppenhaltung.

D. Die Fellqualität verschieden alter Silberfuchsrüden aus Gehegehaltung (S. Tab. 27 bis 30, S. 133 des Anhangs)

Die Fellqualität nimmt bei den Rüden aus Gehegehaltung von den $^1/_2$jährigen bis $3^1/_2$jährigen Rüden fortlaufend zu bei gleichzeitiger Verringerung der Streuungswerte. In allen Altersstufen liegen die Mittelwerte der Rüden bedeutend über denen der Fähen. Rüdenfelle sind größer und werden selbstverständlich geldlich höher bewertet. Eine geldliche Bewertung liegt ja diesen Untersuchungen zugrunde.

F. Die Fellqualität verschieden alter Silberfuchsrüden aus Schuppenhaltung (S. Tab. 21 bis 24, S. 132 des Anhangs)

Bei den älteren Rüden aus Schuppenhaltung liegen die Durchschnittswerte wenig unter denen der Rüden aus Gehegehaltung. Die Differenz in Geldwert ausgedrückt wäre ca. 6 DM. Die Werte der jüngeren Rüden liegen über denen der gleichaltrigen Rüden aus Gehegehaltung.

G. Die Fellqualität verschieden alter Platinfuchsrüden aus Gehege- und Schuppenhaltung (S. Tab. 31 und 32, S. 133 und Tab. 25 und 26, S. 133 des Anhangs)

Die älteren Platinfuchsrüden zeigen bessere Fellqualitäten als die Jungrüden, wenn wir bei der geringen Variantenzahl überhaupt einen Vergleich aufstellen wollen.

Im Durchschnitt brachten die Platinfuchsrüden geringere Preise als die Silberfuchsrüden.

Zusammenfassung dieses Abschnittes

Wir gingen aus von der Frage des Einflusses des Alters auf die Fellqualität. Bei Zugrundelegung des besprochenen Materials kommt nicht klar eine biologische Bewertung zum Ausdruck; es wurden nur die gepelzten Tiere erfaßt und nicht die wahrscheinlich besseren Qualitäten der am Leben gebliebenen Zuchttiere; der Fehlerfaktor „Fellgrößenbewertung“ konnte nicht erfaßt und eliminiert werden.

Ein klares Ergebnis kann nicht erkannt werden. Es scheint, daß die 4 bis 6 Jahre alten Füchse beste Fellqualitäten aufweisen, im Alter bis zu 8 Jahren aber durchaus noch gute Felle tragen.

In Schuppen untergebrachte Pelzungsfüchse weisen in Richtung Farbe und Glanz bessere Felle auf als die in offenen Gehegen gehaltenen Füchse.

Dieses gleiche Problem wurde von einer anderen Seite her untersucht und zwar unter Zugrundelegung der Fellbewertung an lebenden Füchsen in den Jahren 1951, 1952 und 1953 in der Ve.-Pelztierfarm Appelburg.

Als Material standen die Körlisten für Silberfüchse aus diesen 3 Jahren zur Verfügung. Insgesamt konnten 11260 Tierbeurteilungen ausgewertet werden. Die Körlisten werden sofort bei der Ende September vorgenommenen Körung sämtlicher zu diesem Zeitpunkt vorhandener lebender Füchse ausgeschrieben. Die Körung ist nicht das, was in der Großtierzucht unter Körung verstanden wird. Die bisherige Körung der Silberfüchse ist nichts anderes als eine Fellbeurteilung. Dabei wird beurteilt der Silberungsgrad in %, Farbe der Silberung, Farbe der Granne und der Unterwolle, Rauche des Felles, Glanz, Deckung, Lunte, Tip. Nach Gutdünken wird dann das Gesamturteil I, II oder III abgegeben und dann vermerkt entweder „Zur Zucht“ oder „zur Pelzung“.

Methodik der Untersuchungen

Die Variationsbreite innerhalb einer Note I, II oder III war zu groß, um mit diesen Werten arbeiten zu können. Es wurde deshalb aus den Listen die Bewertung des Silberungsgrades weggelassen, weil dieser wohl wichtig für die Mode, nicht aber in dem Maße für die Qualität eines Felles ist.

Weiter wurden die Körnoten I, II oder III nicht beachtet und auch nicht der Vermerk „zur Zucht“ oder „zum Pelzen“. Vielmehr wurden die 8 wichtigsten Fellmerkmale: Farbe der Silberung, Farbe der Granne, Farbe der Unterwolle, Rauche, Glanz, Deckung, Lunte und Tip herausgenommen. Jedes Tier hat für jedes Merkmal ein Urteil bekommen und zwar nach gleichen Gesichtspunkten und in der gleichen Terminologie in allen Jahren, weil die sog. Körung immer von dem gleichen Zuchtleiter durchgeführt wurden. Nun wurden für jedes Merkmal die eingetragenen Noten in ein bequemes Punktsystem umgewandelt und dabei für jedes Merkmal die Noten 1 (bestes) bis 3 (schlechtestes) gegeben auf Grund der Körurteile.

Entscheidend war dann die Addition, die bei 8 Merkmalen mit je 3 möglichen Punkten eine Punktzahl von 8 bis 24 ergeben konnte, wobei weniger Punkte bessere Qualität ausdrücken. Die auf diesem Wege für jedes Tier ermittelte Zahl ist die Fellnote, mit der im Folgenden gearbeitet wird.

Die Zahl von 16 verschiedenen Fellnoten (von 8 bis 24) scheint variabel genug, um alle Tiere mit ausreichender Genauigkeit einzuordnen, dabei die Variationsbreite in jeder Note auf ein Mindestmaß begrenzend.

Ergebnisse

(Das Zahlenmaterial liegt vor auf den S. 138, 139 und 140 des Anhangs)

Ganz auffallend (in den Tabellen) ist das schlechte Ergebnis der Jungfüchse. Obgleich bei dieser Methodik alle vorhandenen Füchse, also auch die am Leben bleibenden guten Jungfüchse erfaßt werden, schneiden die Jungfüchse schlechter ab. Das ist ganz klar, denn in den nächsten Jahren sind die 1½jährigen, 2½jährigen usw., die vorgestellt werden, die jetzt selektierten besten Jungtiere. Falls ein Tier nicht erkrankt oder widersinnigen Umweltfaktoren ausgesetzt wird, verändert sich kaum ein gutes Fell von Jahr zu Jahr. Ob und ab wann es sich verändert, soll diese Untersuchung ergeben.

Es sei zunächst eine zusammenfassende, vergleichende Tabelle angeführt.

TABELLE 13

1951			1952			1953			Ø Fellnote		
Alter der Tiere	Var.-Zahl	Fell-note Ø	Alter der Tiere	Var.-Zahl	Fell-note Ø	Alter der Tiere	Var.-Zahl	Fell-note Ø	Var.-Zahl	M	s
½	3007	15,95	½	3256	16,32	½	2267	16,45	8530	16,23	3,222
1½	324	11,58	1½	282	13,84	1½	301	11,78	907	11,25	4,079
2½	194	13,63	2½	265	14,32	2½	230	14,24	689	14,10	3,141
3½	134	13,73	3½	116	14,38	3½	197	15,33	447	14,59	2,560
4½	109	13,00	4½	68	12,42	4½	82	13,31	259	12,94	2,101
5½	68	14,62	5½	70	13,10	5½	42	12,64	180	13,59	2,501
6½	78	12,08	6½	45	14,23	6½	30	12,83	153	12,86	3,400
7½	4	11,50	7½	41	14,07	7½	20	14,80	65	14,13	2,941
8½	12	13,33	8½	3	13,34	8½	15	14,33	30	14,06	1,828
	3930	15,21		4146	15,82		3184	15,60	11260	15,45	3,241

Die Differenzen der Jahre wie auch der Altersklassen sind sehr gut gesichert, wie folgende Varianzanalyse aussagt.

Varianzanalyse

Streuungsursache	SQ	FG	s^2	F-Test	(P = 5%)
Total	167300	11259			
Jahre	49167	2	24583,50	2969,02	(2,99)
Alter	25011	8	3126,37	377,58	(1,94)
Innerhalb	93122	11249	8,28		

Der Vergleich der Jahrgänge sei eben noch außer acht gelassen, vielmehr die vorletzte Spalte der Tabelle betrachtet.

Fellnote 15,45 kann als Mittelwert der 11260 Einzelwerte gelten.

Jungfüchse stehen erheblich darüber, das heißt, haben schlechtere Fellqualitäten. Die Gründe sind bekannt.

Aber die ausgezeichnete Qualität der $1^1/_2$ Jahre alten Füchse wird ganz offensichtlich, allerdings bei starker Streuung der Einzelwerte. Wir haben schon oft Züchter sagen hören, daß die zweijährigen Füchse die besten Felle tragen. Die Zahlen der Tabelle sagen genau das aus.

Sehr gute Felle haben in den 3 Jahren die $4^1/_2$ bis $6^1/_2$jährigen Füchse ausgebildet.

Diese Untersuchung führt letzten Endes zu dem gleichen Schluß wie die erste Methode der Untersuchung der Fellpreise, daß nämlich die 4- bis 6jährigen Füchse etwa auf dem Höhepunkt in den Fellqualitäten stehen und nach beiden Seiten hin keine sehr erheblichen Differenzen vorliegen. Beste Felle weisen 2jährige Füchse auf. Bis zu einem Alter von 9 Jahren tragen Silberfüchse noch gute Felle.

2. *Die Fellqualität der Silberfüchse in Abhängigkeit von dem Ortsklima*

Als Material dienen die Tabellen der S. 138 bis 140 des Anhangs sowie die Ortsklimauntersuchungen aus den Jahren 1951, 1952 und 1953 in Appelburg.

Zur schnelleren Vergleichsmöglichkeit stellen wir die Jahreswerte der Fellnoten in Kurven gegenüber.

Die Kurven ergeben ein recht wirres Bild, deshalb wollen wir die Zahlenwerte mit den Klimawerten in Relation bringen.

Tabelle 14

Jahr	Luftdruck mm	Temperatur °C	Niederschläge mm	Luftfeuchtigkeit %	Fellnote ∅
1951	774	7,45	668	56,0	15,21
1952	778	7,13	620	58,9	15,82
1953	780	7,88	451	56,4	15,60

In der Einleitung und dem Abschnitt über die Akklimatisation lasen wir allgemeine Ausführungen über eine Beziehung des Klimas zur Fellgüte.

Die bisherigen Anschauungen über diese Frage lauten etwa: Kaltes Klima macht rauche Pelze, hohe Luftfeuchtigkeit verleiht feine Seidigkeit des Haares, intensive Sonneneinstrahlung verwischt die Farben, besonders die rel. unfiltrierten Strahlen mit starker Wirkung des ultravioletten Spektrums des Sonnenlichtes in hohen Gebirgslagen.

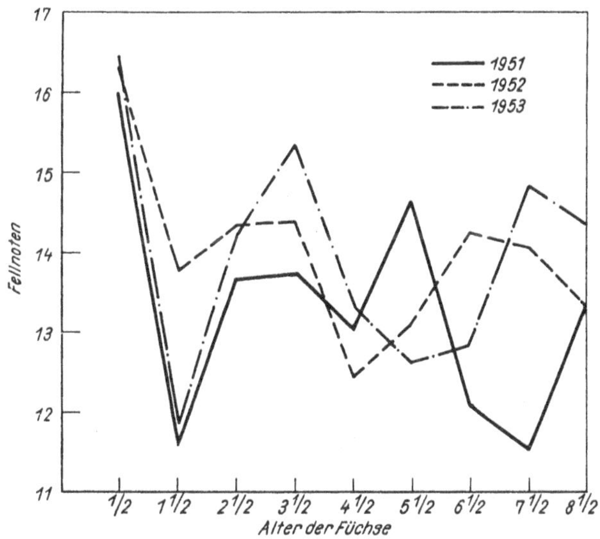

Zusammenfassung der Körergebnisse

Es sei hier bemerkt, daß die Bewertung 1953 darunter leidet, daß in diesem Jahr sehr stark die Staupe in dem Fuchsbestand herrschte und eine größere Zahl von Tieren bewertet wurde, die an Staupe erkrankt waren, diese überstanden haben, aber stark in der Fellentwicklung zurückgeblieben waren. Die Zahl der schlechtesten Felle war deshalb 1953 am höchsten.

Die Tabelle zeigt nun, daß die besten Felle 1951 vorhanden waren, die schlechtesten 1952. Gleichzeitig war das Jahr 1951 wärmer als 1952, hatte höhere Niederschläge und geringere Luftfeuchtigkeit. Die Tabelle drückt also eine umgekehrte Tendenz aus, als bisherige Erfahrungen nennen. An der Richtigkeit der Unterlagen, der Genauigkeit der Methodik und der rechnerischen Manipulationen, die zu den Endzahlen führen, besteht kein Zweifel. Wir wollen diese Tatsache damit erklären, daß Klimaschwankungen von Jahr zu Jahr nicht die Fellentwicklung beeinflussen, sondern nur Klimaänderungen oder die Änderung eines Klimafaktors in einer bestimmten Richtung in mindestens 10 Jahren einen Einfluß auszuüben imstande sind.

Wir wollen aber die für die Fellausbildung entscheidenden Monate gesondert betrachten. Das ist die Zeit von Juli bis November einschließlich.

Die geringsten Temperaturen weist in dieser Zeit das Jahr 1952 auf, dann folgt 1953 und schließlich 1951.

Die geringsten Niederschläge in dieser Zeit fallen 1953. 1952 und 1951 fallen gleich viel Niederschläge.

Die höhere Luftfeuchtigkeit herrscht 1952, dann folgen 1953 und 1951.

In der entscheidenden Zeit und den entscheidenden Faktoren, nämlich Temperatur und Luftfeuchtigkeit, hat 1952 die besseren Bedingungen, trotzdem aber die schlechteren Felle.

Besonders drücken die jüngeren Füchse von $^1/_2$ Jahr bis $2^1/_2$ Jahren die Werte. Die $1^1/_2$jährigen, als beste deklarierten Füchse, sind 1952 um mehr als 2 ganze Fellnoten schlechter als gleichaltrige der Jahre 1951 und 1953.

Möglicherweise war die Zuchtauswahl der Jungfüchse 1951 nicht korrekt und hat viele ungenügende Füchse als Zuchttiere durchgehen lassen. Dagegen spricht aber, daß die 3007 Stück Jungfüchse 1951 verhältnismäßig gut waren. Aus Mutmaßungen können wir keine Ergebnisse konstruieren. Deshalb müssen wir uns mit den festgestellten Tatsachen abfinden und den Einfluß der Fütterung untersuchen.

Eines aber geht aus den Zahlen hervor, daß nämlich die Füchse erst in längeren Zeiträumen auf Veränderungen des Ortsklimas reagieren.

3. Die Fellqualität der Silberfüchse in Abhängigkeit von der Fütterung

Als Material stehen die Zahlen der bereits in Relation zur Fruchtbarkeit angeführten Fütterungsuntersuchungen der Jahre 1951, 1952 und 1953 zur Verfügung, sowie die Körergebnisse der Silberfüchse in den gleichen Jahren.

Aus der bereits bekannten Gruppeneinteilung für Füchse interessieren in diesem Falle nur die Gruppen 3, 4, 6 und 7. Diese sollen gesondert betrachtet werden.

Gruppen 3 und 7

Wir ziehen diese beiden Gruppen zusammen, weil sie die gesamte Ernährung der Jungtiere vom Absetzen bis zu dem Zeitpunkt der Körung einschließen. Die Gegenüberstellung liegt in Tabellenform vor.

TABELLE 15

Pro Tier der Gr. 3 u. 7. wurden durchschnittlich pro Tag verabreicht

Jahr	Fellnote Jungtiere Ø	gr	Kal.	Protein	Fett	N-freie Extraktstoffe	Rohfaser
1951	15,95	692,2	768,2	87,8	12,3	63,7	5,0
1952	16,36	479,7	495,7	62,6	7,6	40,3	1,8
1953	16,45	491,6	524,2	70,0	9,8	34,7	2,1

Hier liegt offensichtlich eine positive Tendenz vor. Die sich entwickelnden Jungfüchse erhielten 1951 ein bei weitem besseres Futter als 1952 und 1953, sowohl an Quantität als auch an Qualität, und bildeten dabei die besseren Felle aus.

Das Staupejahr 1953 verbietet leider eine korrekte Weiterführung dieser Tendenz. Es steht aber fest, daß die Felle 1953 ohne Ausbruch der Staupe besser gewesen wären als 1952. Unter den zur Zeit der Körung vorhandenen Füchsen, sowohl Jungfüchsen als auch Altfüchsen, war eine große Zahl von Tieren, die auf Grund der überstandenen Seucheerkrankung schlechtere Felle aufwiesen. Diese Tiere haben den Durchschnittsfellwert 1953 stark gedrückt. Wir sehen aber in obiger Tabelle eine knappe Differenz der Fellnoten zwischen 1952 und 1953 zu Ungunsten des Jahres 1953. Im Rahmen dieser Arbeit ist das leider eine empirische Ermittlung, die aber dahin führt, daß die in Menge und Qualität bessere Fütterung des Jahres 1953 gegenüber 1952 auch zu besseren Fellqualitäten führt. Das gleiche sei nochmals an den Alttieren untersucht.

Gruppen 4 und 6

Diese Gruppen schließen die Zeit der Rekonvaleszens der Mutterfähen ein, sowie die Erhaltung der Altfähen und Altrüden und die Zeit ihrer Fellausbildung.

Pro Tier und Tag der Gruppen 4 und 6 wurden durchschnittlich verabreicht:

TABELLE 16

Jahr	Fellnote aller Alttiere ∅	gr	Kal.	Protein	Fett	N-freie Extraktstoffe	Rohfaser
1951	12,79	462,0	443,0	56,5	6,8	39,8	2,8
1952	13,90	466,3	468,6	56,7	7,3	40,0	2,1
1953	13,45	401,8	413,8	44,0	7,4	28,7	2,0

Diese Tabelle bestätigt in nichts die Beziehung von Fütterung und Fellqualität. 1951 und 1952 wird in Menge etwa gleich, in Qualität 1952 besser gefüttert. Die Fellnoten weisen aber eine rel. große Differenz auf. Dagegen ist die Fütterung 1953 erheblich schlechter als 1952, außer Fett, und die Größe der Differenz der Fellnoten entspricht nicht diesem Verhältnis, ist außerdem überhaupt umgekehrt, denn die Fellnote 1953 ist etwas besser als 1952. Hinzu kommt, wie die Zahlen auf S. 140 des Anhangs zeigen, daß im Jahre 1953 16 Altfüchse mit Fellnote 24 bewertet werden mußten. Im Jahre 1951 und 1952 erscheint kein einziger Altfuchs mit dieser schlechtesten Fellnote. Das sind die Auswirkungen der Staupe 1953. In normalen Verhältnissen wären die Felle bedeutend besser gewesen, wie bereits mehrfach betont wurde. Dabei erhielten die Alttiere 1953 mangelhaftes Futter.

Die Fellqualität ist also auch kein empfindliches Reagenz auf unterschiedliche Fütterung. Wenn wir die Kalorienzahl als Gradmesser für die Qualität des Futters anerkennen, dann sehen wir innerhalb der 3 Jahre einen maximalen Unterschied von 54,8 Kal. in der letzten Tabelle. Das sind etwa 11 bis 12%. In der Tabelle für die Jungtiere finden wir einen maximalen Unterschied von 162,5 Kal. Das macht etwa 23 bis 31% aus. In diesem Falle sehen wir eine deutliche Tendenz.

Es wird notwendig sein, bei der Betrachtung der Fellqualitäten der Altfüchse auch die Fütterung der Mutterfähen während der Zeit des Säugens und Führens der Welpen zu betrachten. Reicht das Futter in dieser Zeit nicht hin, dann sind die restlos sich verausgabenden Fähen nachher schwer zu einer normalen Fellausbildung zu bewegen. Deshalb wollen wir diese Zahlen für Gruppe 3 anführen.

Es erhielten die Fähen der Gruppe 3 pro Tier und Tag durchschnittlich

TABELLE 17

Jahr	g	Kal.	Protein	Fett	N-freie Extrakt-stoffe	Roh-faser	Fellnote der Alt-füchse ∅
1951	893,8	1058,1	127,9	17,9	85,8	6,9	12,79
1952	545,8	575,9	74,6	8,8	44,5	1,9	13,90
1953	602,3	656,9	93,2	13,1	36,2	2,2	13,45

Hier finden wir wieder ein klares Ergebnis. Der chronologischen Reihenfolge der besseren Fütterung entspricht die Reihenfolge der besseren Fellqualitäten. Die Fellnoten wurden in jedem Jahr an Altrüden und Altfähen ermittelt. Mit der Fütterung der Gruppe 3 erfassen wir aber nur die Altfähen, das sind etwa in jedem Jahr 800 bis 900 Stück. Um so erstaunlicher ist das Ergebnis.

In der Zusammenfassung dieses Abschnittes kommen wir zu folgenden Ergebnissen:

1. Ein Einfluß der Fütterung auf die Fellqualität macht sich erst dann bemerkbar, wenn sich die Kalorienzahl des Futters als Ausdruck der Qualität desselben um mehr als 15 bis 20% verändert, und dieses veränderte Futter in den letzten 5 Monaten vor der Pelzung verabreicht wird.

2. Qualität des Futters und Qualität der Felle stehen in diesem Falle in positiver Beziehung.

3. Den gleichen Effekt erzielt die Fütterung der säugenden und führenden Fähen. Diese Periode muß als wichtigste Periode für die Fütterung in Richtung Fellqualität, Lebensdauer und Lebensleistung, einschließlich Fruchtbarkeit erkannt werden.

Zusammenfassung

Diese Arbeit wurde mit der Problematik eingeleitet, die Anlaß zu der Arbeit gab. Die Einzelergebnisse geben die Berechtigung, aus den Untersuchungen folgende Schlußfolgerungen zu ziehen:

1. Der I. Hauptteil beweist, daß sich Silberfüchse und Nerze in Deutschland akklimatisiert haben. Er beweist weiter, daß alle Kriterien erfüllt sind, die in Definitionen von Nathusius, Keller, Wilkens und J. Schmidt von einer Tierart verlangt werden müssen, um sie als Haustiere zu deklarieren.

2. Von vielen Umweltverhältnissen konnten das Ortsklima und die Fütterung in ihrem Einfluß auf die Fellqualität und Fruchtbarkeit untersucht werden. Wir mußten erkennen, daß es sehr schwer ist, den Einfluß eines Umweltfaktors aus dem Zusammenhang des Gesamtbegriffes Umwelt heraus zu fixieren. Änderungen des Ortsklimas von Jahr zu Jahr wirken sich nicht spürbar auf Fellqualität und Fruchtbarkeit aus, obgleich naßkalte Witterung das Ranzgeschäft störend beeinflussen kann und der Gesundheit der Welpen gefährlich wird.

Einen merklichen Einfluß übt die Fütterung aus auf die Fellqualität. Hierfür ist die sensible Periode die Säugezeit, weniger ausgeprägt die Zeit vom Juli bis November eines jeden Jahres.

3. Ihrer Biologie entsprechend werden Füchse und Nerze im Alter von einem Lebensjahr zur Zucht eingestellt. Die Fruchtbarkeit hält bis zum 6. Lebenjahr der Füchse gleichmäßig gut an, läßt dann aber nach. Bei schwacher Fütterung fallen Nerze in der Fruchtbarkeit nach dem 3. Lebensjahr ab.

Gute Felle tragen Füchse bis in das 8. und 9. Lebensjahr hinein. Nerze bis in das 4. und 5. Lebensjahr, bei schwacher Fütterung.

Im wesentlichen haben die Ergebnisse der Untersuchungen den Wert von Hinweisen für die Praxis.

Viele Abschnitte ergaben lediglich eine Präzisierung der Probleme und keine klaren Ergebnisse.

Die Arbeit möge Anregungen geben, auf dem exakten Weg wissenschaftlicher Forschung das vielseitige Gebiet der Pelztierzucht als dankbares Studienobjekt zu bearbeiten zum Nutzen der Pelztierzucht und zum Nutzen der Wissenschaft.

Резюме

Введение занимается проблематикой, которая по служила поводом этой работы. Полученные результаты дают право из проведенных исследований сделать следующие выводы:

1. В первой главной части доказывается, что чернобурые лисицы и норки акклиматизировались в Германии. Дальшев ней доказывается, что все критерии выполнены, которые по Натузиусу, Келлеру, Вилькесну и И. Шмидту следует требовать от вида животных, чтобы обозначить их домашними животными.

2. Из числа многих факторов внешней · среды удалось исследовать местный климат и кормление относительно их влияния на качество мехов и плодовитость. Мы были принуждены убедиться в том, что очень трудно определить влияние одного фактора внешней среды в отрыве от общего понятия внешней среды. Изменения местного климата в различные годы не оказывают заметного влияния на качество мехов и на плодовитость, хотя дождливая, холодная погода может мешать спариванию и оказать вредное влияние на здоровье щенков.

Заметное влияние на качество мехов оказывает кормление. В этом отношении подсосный период особенно чувствителен, между тем, как период от июля до ноября каждого года менее выражен.

3. Соответственно их биологии лисицы и норки используются для разведения с возраста одного года. Плодовитость лисиц до местого года жизни остается на одинаково высоком уровне, а затем уменьшается. При слабом кормлении плодовитость норок уменьшается с 3. года жизни.

Мехи у лисиц остаются хорошими до восьмого и девятого года жизни; у норок — до четвертого и пятого года жизни, при слабом кормлении. Исследования ценны для практики главным образом в качестве указаний. Многие разделы привели только к уточнению проблем, не дав ясных результатов.

Пусть эта работа послужит побуждением обработки научным исследованием многосторонней области разведения пушных зверей в пользу разведения пушных зверей и в полезу науки.

Summary

This paper begins with the problems which gave rise to the examinations. The individual results of the examinations permit the following conclusions:

1. The first main part demonstrates that silver foxes and minks have acclimatized themselves in Germany. It shows further that all demands have been fulfilled which are to be made on a species of animal according to definitions of NATHUSIUS, KELLER, WILKENS and J. SCHMIDT in order to declare them domestic animals.

2. Of many environmental conditions, local climate and feeding could be examined in their influence on coat quality and fertility. We found that it is very hard to crystallize the influence of one environmental factor out of the general conception "environment". Changes in the local climate from year to year had no remarkable influence on coat quality and fertility though damp and cold weather may affect adversely the mating period and threatenns the health of young foxes.

Coat quality was markedly affected by feeding. The sensitive period is the sucking period, less pronounced was the time from July to November of each year.

3. According to their biology foxes and minks are used for breeding at 1 year of age. The fertility of foxes continues constantly well up to the 6th year of life but thereafter it decreases. With insufficient feeding the fertility of minks wanes after the third year of life.

Foxes have good coats up to the 8th and 9th year of life, minks — with insufficient feeding — up to the 4th and 5th year of life.

The results of the examinations are virtually valuable hints for practice.

May this paper contribute to arising the interest of dealing by exact scientific research with the many-sided field of fur breeding as a satisfactory object of study to the proft of fur breeding and science.

Literaturverzeichnis

[1] DEMMEL, M.: Über die Züchtungsbiologie des Silberfuchses in Deutschland. Schriften der Reichszentrale für Pelztier- und Rauchwarenforschung, Heft 4. Leipzig 1928: Verlag Arthur Heber u. Co.

[2] Der Deutsche Pelztierzüchter: Der Deutsche Pelztierzüchter, Zeitschrift zur Hebung und Förderung der Pelztierzucht. Jahrg. 28, H. 5, S. 99. Müchen und Hamburg: F. C. Mayer Verlag.

[3] Der Deutsche Pelztierzüchter: Desgl., Jahrg. 29, H. 5, S. 85.

[4] DÖCKE, F.: Zahn und Bißanomalien beim Wild- und Farmfuchs. Vet. med. Diss. Berlin 1956.

[5] FREUND, L.: Die Parasiten, parasitären und sonstigen Krankheiten der Pelztiere. Hannover 1930: Verlag von M. & H. Schaper.

[6] HOLECEK-HOLLESCHOWITZ, C.: Rassenkundige Untersuchungen an Silber- und Rotfüchsen auf Grund der phänotypischen Merkmale des Felles. Sonderdruck aus der Zeitschrift für Züchtung und Züchtungsbiologie 37, H. 1. Berlin: Verlag von Paul Parey.

[7] JOHANSSON, I.: Der Einfluß der Vererbung auf die Fruchtbarkeit und Körpergröße von Nerzen. Siehe [2] Jahrg. 29, H. 6, S. 89—93.

[8] KEMPE, K.: Das Pelztierbuch. Schriftenreihe Deutscher Bauernverlag, Bd. 31.

[9] KLATT, B.: Gefangenschaftsveränderungen bei Füchsen. Abdruck aus Jenaischer Zeitschrift für Naturwissenschaft, 67. Band. Neue Folge 60. Band. Festschrift zum 70. Geburtstag von LUDWIG PLATE. Jena 1932: Verlag Gustav Fischer.

[10] KOCH, W.: Inzucht als Zuchtmethode in der Pelztierzucht. Sonderdruck aus Der Deutsche Pelztierzüchter, Heft 10 (1935). München.
[11] KOCH, W.: Das erste Auftreten von Mutationen bei neu domestizierten Tieren. Züchtungskunde 23, Heft 1 (1951). Stuttgart: Eugen Ulmer. Verlag für Landwirtschaft, Gartenbau und Naturwissenschaft.
[12] KRINGS, E.: Die Auswirkungen der freien Marktwirtschaft auf die deutsche Pelztierzucht. Der Deutsche Pelztierzüchter, 27. Jahrg., H. 2, S. 21. München und Hamburg: F. C. Mayer Verlag.
[13] KRONACHER, C.: Allgemeine Tierzucht, 3. Abt. 2. Aufl. Berlin 1922: Verlag von Paul Parey.
[14] KRONACHER, C.: Allgemeine Tierzucht, 4. Abt. 2. Aufl. Berlin 1921: Verlag Paul Parey.
[15] KULBACH, W.: Die Zucht von Mutationsnerzen. Aus A. KELLER: Die Nerzzucht. München-Hamburg 1951: F. C. Mayer Verlag.
[16] LECHT, M.: Die Pelztierzucht. Aus HARING, F., F. HOFMANN und W. STAHL: Handbuch für Tierzüchter. Berlin: Neumann-Verlag. (noch nicht erschienen).
[17] LECHT, M.: Entwicklung und Arbeit der Versuchsstation für Pelztierforschung Appelburg. Bericht auf der 5. Sektionssitzung der Sektion Tierzucht und Tierernährung der DAL zu Berlin, am 11. 5. 1955.
[18] LECHT, M.: Mündliche Mitteilung.
[19] LIEHN: Die Gebißreduktionen beim Silberfuchs. München, Diss. Vet. Med. 1952.
[20] NACHTSHEIM, H.: Mutationen und Rassenbildung bei den Pelztieren. Sonderdruck aus: Landwirtschaftliche Pelztierzucht, 5. Jahrg. Hannover 1934: Verlag M. & H. Schaper.
[21] NACHTSHEIM, H.: Pelztierzucht und Klima. Aus Zeitschrift für Pelztier- und Rauchwarenkunde Bd. IV, Nr. 1. Leipzig 1932: Verlag Reichszentrale für Pelztier- und Rauchwarenforschung.
[22] PORZIG, M.: Die Vererbung in der Kaninchenzucht. 38. Flugschrift der Deutschen Gesellschaft für Züchtungskunde. Berlin 1916: Verlag der Deutschen Gesellschaft für Züchtungskunde.
[23] RICHTER, J.: Zuchtschäden bei Pelztieren (insbesondere beim Silberfuchs). Sonderdruck aus den Mitteilungen der Reichszentrale für Pelztier- und Rauchwarenforschung, Band II, Nr. 5. Leipzig 1930: Verlag Reichszentrale für Pelztier- und Rauchwarenforschung.
[24] RICHTER, J.: Das Aufzuchtergebnis in der Silberfuchszucht. Aus: siehe [1].
[25] RÖDEL, E.: Der Nerz und seine Zucht. Berlin 1949: Hermann Hasse Verlag GmbH.
[26] SCHMIDT, F.: Der Silberfuchs und seine Zucht. München 1938: F. C. Mayer Verlag.
[27] SCHMIDT, F.: Von Pelztieren und Pelzen. Schriftenreihe für Pelztier- und Kleintierzüchter, 1949. München 23: Val. Höfling Verlag.
[28] SCHÖPS, P. und E. TÄNZER: Entstehung und Grundlagen der Pelztierzucht in Deutschland. Schriften der Reichszentrale für Pelztier- und Rauchwarenforschung. Leipzig 1927: Verlag Arthur Heber & Co.
[29] STAKEMANN, E. und O. HORN: Bericht über die Pelztierfarmen in Deutschland u. Österreich. Aus Züchtungskunde 5, H. 6. Göttingen 1930: Herausgegeben von der Deutschen Gesellschaft für Züchtungskunde.
[30] STRUNK, R.: Mündliche Mitteilung.
[31] THOM, L.: Betrachtungen über das Alter der Nerze. Der Deutsche Pelztierzüchter 28. Jahrg. H. 6, S. 105. München u. Hamburg: F. C. Mayer Verlag.
[32] WALTHER, AD. R.: Der Sumpfbiber (Nutria). 3. Auflage. München 1937: F. C. Mayer Verlag.
[33] WALTHER, AD. R.: Über den gegenwärtigen Stand der Körung bei den Edelpelztieren in Deutschland. Aus: siehe [14].
[34] WETZEL: Biologische Grundlagen der neuzeitlichen Wurmbekämpfung. Referat, gehalten in der Plenarsitzung der 2. Veterinärmedizinisch-wissenschaftlichen Tagung am 20. 3. 1954 in der Kongreßhalle in Leipzig.

Anhang

Ø Wurfleistungen bei verschiedenen Verpaarungen

TABELLE 1

Normale Verpaarung zwischen Silberfüchsen

Zahl der Welpen im Wurf	Wurfleistungen: Häufigkeit der Würfe	%
0	327	10,9
1	108	3,7
2	174	5,9
3	334	11,2
4	659	22,2
5	863	28,4
6	399	13,4
7	109	3,8
8	12	0,4
9	1	0,03
	2986	

Wurfergebnis M = 4,25 ± 0,916

TABELLE 2

Verpaarung Platinrüde × Sifufähe

Zahl der Welpen im Wurf	Wurfleistungen: Häufigkeit der Würfe	%
0	24	8,0
1	7	2,3
2	23	7,9
3	31	10,3
4	79	26,4
5	78	26,2
6	49	16,3
7	8	2,6
8	0	0,0
	299	

Wurfergebnis M = 4,10 ± 1,659

TABELLE 3

Verpaarung Sifurüde × Platinfähe

Zahl der Welpen im Wurf	Wurfleistungen: Häufigkeit der Würfe	%
0	2	7,2
1	1	3,6
2	4	14,4
3	2	7,2
4	10	36,0
5	8	28,8
6	1	3,6
7	0	0,0
	28	

Wurfergebnis M = 3,61 ± 1,574

TABELLE 4

Verpaarung Scheckenrüde × Sifufähe

Zahl der Welpen im Wurf	Wurfleistungen: Häufigkeit der Würfe	%
0	5	7,3
1	4	5,6
2	5	7,3
3	5	7,3
4	25	36,2
5	13	18,8
6	6	8,8
7	5	7,3
8	1	1,4
	69	

Wurfergebnis M = 3,96 ± 1,870

TABELLE 5 **Verpaarung Jungrüde × Altfähe**

Altersunterschied mindestens 4 Jahre, höchster Altersunterschied 8 Jahre

Zahl der Welpen im Wurf	Wurfleistungen: Häufigkeit der Würfe	%	Zahl der Welpen im Wurf	Wurfleistungen: Häufigkeit der Würfe	%
0	30	12,8	5	62	26,4
1	2	0,8	6	36	15,4
2	17	7,2	7	12	5,1
3	31	13,1	8	1	0,4
4	44	18,8		235	

Wurfergebnis M = 3,93 ± 1,985

Wurf- und Aufzuchtleistung von Silberfuchsfähen verschiedenen Alters

TABELLE 6 **1jährige Fähe**

Wurf Welpen	Wurf Häufigkeit	Wurf %	Aufzucht Welpen	Aufzucht Häufigkeit	Aufzucht %
0	140	17,5	0	65	9,5
1	37	4,5	1	42	6,2
2	66	8,0	2	94	13,9
3	117	14,2	3	129	18,9
4	179	21,8	4	165	24,3
5	173	21,3	5	118	17,3
6	86	10,4	6	57	8,3
7	22	2,7	7	13	1,9
8	3	0,3	8	1	0,1
	823			683	

M = 3,40 ± 2,038 M = 3,37 ± 1,785

TABELLE 7 **2jährige Fähe**

Wurf Welpen	Wurf Häufigkeit	Wurf %	Aufzucht Welpen	Aufzucht Häufigkeit	Aufzucht %
0	61	10,9	0	39	7,6
1	18	3,3	1	17	3,4
2	31	5,5	2	36	7,4
3	65	11,7	3	71	14,5
4	135	24,3	4	150	30,4
5	155	27,8	5	123	24,9
6	68	12,3	6	50	10,2
7	22	3,9	7	9	1,8
8	1	0,3	8	0	0,0
	556			495	

M = 3,88 ± 1,883 M = 3,80 ± 1,664

TABELLE 8 **3jährige Fähe**

Wurf Welpen	Wurf Häufigkeit	Wurf %	Aufzucht Welpen	Aufzucht Häufigkeit	Aufzucht %
0	32	9,2	0	29	9,5
1	7	2,0	1	10	3,2
2	18	5,1	2	24	7,7
3	35	10,2	3	37	11,8
4	96	27,8	4	83	26,6
5	94	27,3	5	85	27,4
6	56	16,2	6	38	12,1
7	8	2,2	7	5	1,6
	343			311	

M = 4,05 ± 1,735 M = 3,82 ± 1,822

TABELLE 9 **4jährige Fähe**

Wurf Welpen	Wurf Häufigkeit	Wurf %	Aufzucht Welpen	Aufzucht Häufigkeit	Aufzucht %
0	25	10,5	0	34	15,9
1	5	2,5	1	7	3,3
2	11	4,6	2	17	7,9
3	24	9,9	3	21	9,9
4	48	19,8	4	45	20,9
5	79	32,8	5	65	30,0
6	38	15,7	6	23	10,6
7	11	4,5	7	4	1,9
	241			216	

M = 4,11 ± 1,872 M = 3,59 ± 1,981

TABELLE 10 **5jährige Fähe**

Wurf Welpen	Wurf Häufigkeit	Wurf %	Aufzucht Welpen	Aufzucht Häufigkeit	Aufzucht %
0	18	11,2	0	15	9,8
1	4	2,5	1	7	5,0
2	10	6,1	2	13	9,6
3	12	7,5	3	16	11,3
4	36	22,5	4	34	24,1
5	44	27,5	5	37	25,3
6	27	16,6	6	15	10,8
7	10	6,1	7	6	4,5
	161			143	

M = 4,07 ± 1,967 M = 3,73 ± 1,902

TABELLE 11 **6jährige Fähe**

Wurf Welpen	Wurf Häufigkeit	Wurf %	Aufzucht Welpen	Aufzucht Häufigkeit	Aufzucht %
0	11	14,1	0	10	14,8
1	2	2,5	1	0	0,0
2	1	1,3	2	2	3,0
3	5	6,4	3	5	7,9
4	11	14,1	4	11	16,2
5	29	37,2	5	23	34,3
6	15	19,3	6	13	19,3
7	4	5,1	7	3	4,5
	78			67	

M = 4,18 ± 2,105 M = 4,14 ± 2,027

TABELLE 12 **7jährige Fähe**

Wurf Welpen	Wurf Häufigkeit	Wurf %	Aufzucht Welpen	Aufzucht Häufigkeit	Aufzucht %
0	8	21,6	0	7	24,2
1	1	2,7	1	1	3,4
2	2	5,4	2	3	10,4
3	5	13,6	3	2	6,8
4	7	18,9	4	5	17,3
5	10	27,0	5	8	27,5
6	3	8,1	6	2	6,8
7	1	2,7	7	1	3,4
	37			29	

M = 3,32 ± 2,140 M = 3,17 ± 2,244

TABELLE 13 **8jährige Fähe**

Wurf Welpen	Wurf Häufigkeit	Wurf %	Aufzucht Welpen	Aufzucht Häufigkeit	Aufzucht %
0	1	11,1	0	0	0,0
1	0	0,0	1	2	25,0
2	0	0,0	2	0	0,0
3	0	0,0	3	0	0,0
4	2	22,2	4	2	25,0
5	5	55,6	5	3	37,5
6	1	11,1	6	1	12,5
7	0	0,0	7	0	0,0
	9			8	

M = 4,33 ± 1,732 M = 3,88 ± 3,048

⌀ Leistungen von Silberfuchsrüden verschiedenen Alters

TABELLE 14

1jähriger Rüde
zeugte pro Wurf

Welpen	Häufigkeit	%
0	99	15,4
1	33	5,2
2	55	8,5
3	76	11,8
4	122	19,0
5	156	24,3
6	77	12,0
7	23	3,7
8	1	0,1
	642	

M = 3,54 ± 2,044

TABELLE 15

2jähriger Rüde
zeugte pro Wurf

Welpen	Häufigkeit	%
0	43	10,0
1	14	3,3
2	27	6,3
3	53	12,2
4	111	25,7
5	120	27,7
6	49	11,3
7	14	3,3
8	1	0,2
	432	

M = 3,87 ± 1,811

TABELLE 16

3jähriger Rüde
zeugte pro Wurf

Welpen	Häufigkeit	%
0	15	5,8
1	17	6,4
2	19	7,2
3	39	14,6
4	49	18,4
5	77	28,9
6	39	14,6
7	9	3,4
8	2	0,7
	266	

M = 4,01 ± 1,796

TABELLE 17

4jähriger Rüde
zeugte pro Wurf

Welpen	Häufigkeit	%
0	9	12,3
1	3	4,1
2	7	9,6
3	6	8,3
4	9	12,3
5	20	27,4
6	18	24,6
7	1	1,4
	73	

M = 3,92 ± 2,059

TABELLE 18

5jähriger Rüde
zeugte pro Wurf

Welpen	Häufigkeit	%
0	2	22,2
1	0	0,0
2	0	0,0
3	1	11,1
4	1	11,1
5	3	33,4
6	1	11,1
7	1	11,1
	9	

M = 3,89 ± 2,473

TABELLE 19

6jähriger Rüde
zeugte pro Wurf

Welpen	Häufigkeit	%
0	0	0,0
1	3	23,3
2	0	0,0
3	0	0,0
4	1	8,2
5	6	46,3
6	3	23,3
7	0	0,0
	13	

M = 4,23 ± 1,915

∅ Wurfleistungen bei Standardnerzen

TABELLE 20

Bei normalen Verpaarungen

Welpen	Häufigkeit	%
0	5	0,7
1	5	0,7
2	11	1,8
3	52	13,1
4	121	24,0
5	122	24,2
6	111	22,0
7	47	9,2
8	18	3,2
9	9	1,6
10	1	0,2
	502	

M = 4,99 ± 1,849

TABELLE 21

Bei der Verpaarung Altrüde × Jungfähe
Altersunterschied 4 bis 5 Jahre

Welpen	Häufigkeit Wurf	Häufigkeit Aufzucht	% Wurf	% Aufzucht
0	0	0	0,0	0,0
1	0	0	0,0	0,0
2	3	4	8,6	11,1
3	3	8	8,6	22,2
4	11	7	30,4	19,5
5	8	8	22,2	22,2
6	5	4	13,8	11,1
7	4	4	11,1	11,1
8	2	1	5,5	2,8
	36	36		

M = 4,80 ± 1,558

∅ Wurf- und Aufzuchtleistungen von Nerzfähen verschiedenen Alters

TABELLE 22 **1jährige Fähe**

Wurf Welpen	Wurf Häufigkeit	Wurf %	Aufzucht Welpen	Aufzucht Häufigkeit	Aufzucht %
0	2	0,7	0	0	0,0
1	3	1,2	1	5	1,9
2	6	2,4	2	6	2,2
3	30	11,2	3	47	17,8
4	73	27,5	4	72	27,4
5	67	25,3	5	66	25,2
6	60	22,6	6	51	19,4
7	13	4,9	7	10	3,8
8	9	3,4	8	5	1,9
9	2	0,7	9	1	0,3
10	0	0,0	10	0	0,0
	265			263	

M = 4,81 ± 1,157 M = 4,56 ± 1,384

TABELLE 23 **2jährige Fähe**

Wurf Welpen	Wurf Häufigkeit	Wurf %	Aufzucht Welpen	Aufzucht Häufigkeit	Aufzucht %
0	0	0,0	0	0	0,0
1	0	0,0	1	0	0,0
2	3	1,8	2	3	1,8
3	18	10,7	3	24	14,3
4	33	19,6	4	31	18,4
5	32	19,1	5	36	21,4
6	43	25,6	6	39	23,2
7	26	15,5	7	25	14,9
8	8	4,7	8	8	4,7
9	4	2,4	9	1	0,6
10	1	0,6	10	1	0,6
	168			168	

M = 5,36 ± 1,587 M = 5,20 ± 1,551

TABELLE 24 **3jährige Fähe**

Wurf Welpen	Wurf Häufigkeit	Wurf %	Aufzucht Welpen	Aufzucht Häufigkeit	Aufzucht %
0	1	1,3	0	0	0,0
1	0	0,0	1	0	0,0
2	4	4,8	2	5	6,2
3	5	6,1	3	7	8,8
4	22	27,1	4	23	28,8
5	26	32,1	5	26	32,5
6	10	12,3	6	7	8,7
7	9	11,1	7	8	10,0
8	2	2,6	8	3	3,7
9	2	2,6	9	1	1,3
	81			80	

M = 4,92 ± 1,568 M = 4,80 ± 1,480

TABELLE 25 **4jährige Fähe**

Wurf Welpen	Wurf Häufigkeit	Wurf %	Aufzucht Welpen	Aufzucht Häufigkeit	Aufzucht %
0	2	18,2	0	2	0,0
1	0	0,0	1	0	0,0
2	0	0,0	2	0	0,0
3	1	9,1	3	1	11,1
4	5	45,4	4	5	55,6
5	0	0,0	5	1	11,1
6	2	18,2	6	1	11,1
7	1	9,1	7	1	11,1
8	0	0,0	8	0	0,0
9	0	0,0	9	0	0,0
	11			11	

M = 3,82 ± 2,235 M = 3,72 ± 2,145

Ø Leistungen von Nerzrüden verschiedenen Alters

TABELLE 26

1jähriger Rüde zeugte pro Wurf

Welpen	Häufigkeit	%
0	5	2,9
1	3	1,7
2	2	1,2
3	24	13,8
4	38	22,0
5	36	20,8
6	41	23,7
7	14	8,1
8	4	2,3
9	6	3,5
10	0	0,0
	173	

M = 4,86 ± 1,811

TABELLE 27

2jähriger Rüde zeugte pro Wurf

Welpen	Häufigkeit	%
0	11	5,3
1	0	0,0
2	5	2,4
3	29	14,2
4	33	16,1
5	54	26,3
6	50	24,5
7	16	7,8
8	5	2,4
9	1	0,5
10	1	0,5
	205	

M = 4,73 ± 1,792

TABELLE 28

3jähriger Rüde zeugte pro Wurf

Welpen	Häufigkeit	%
0	0	0,0
1	1	1,0
2	3	2,7
3	2	1,9
4	28	25,6
5	26	24,0
6	30	27,3
7	14	12,8
8	3	2,7
9	2	1,9
	109	

M = 5,29 ± 1,407

TABELLE 29

4jähriger Rüde zeugte pro Wurf

Welpen	Häufigkeit	%
0	0	0,0
1	0	0,0
2	2	3,0
3	3	4,5
4	30	45,8
5	17	23,2
6	8	12,0
7	5	8,5
8	2	3,0
9	0	0,0
	67	

M = 4,73 ± 1,236

TABELLE 30

5jähriger Rüde zeugte pro Wurf

Welpen	Häufigkeit	%
0	0	0,0
1	0	0,0
2	1	2,3
3	5	10,7
4	17	36,1
5	11	23,2
6	7	14,7
7	5	10,7
8	1	2,3
9	0	0,0
	47	

M = 4,78 ± 2,462

TABELLE 31

6jähriger Rüde zeugte pro Wurf

Welpen	Häufigkeit	%
0	0	0,0
1	0	0,0
2	3	17,5
3	1	6,0
4	2	11,5
5	5	30,0
6	2	11,5
7	3	17,5
8	1	6,0
9	0	0,0
	17	

M = 4,88 ± 1,870

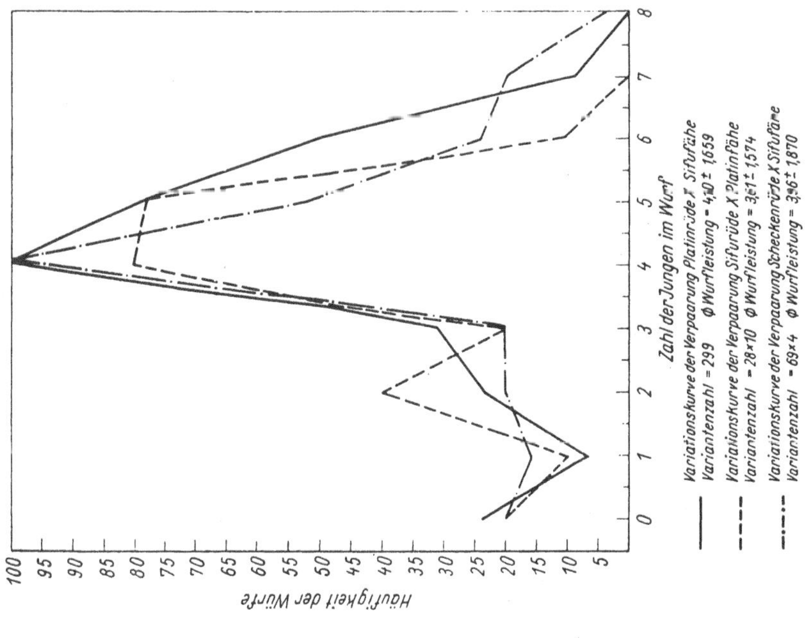

Variationskurven der Ø Wurfleistungen bei verschiedenen Verpaarungen

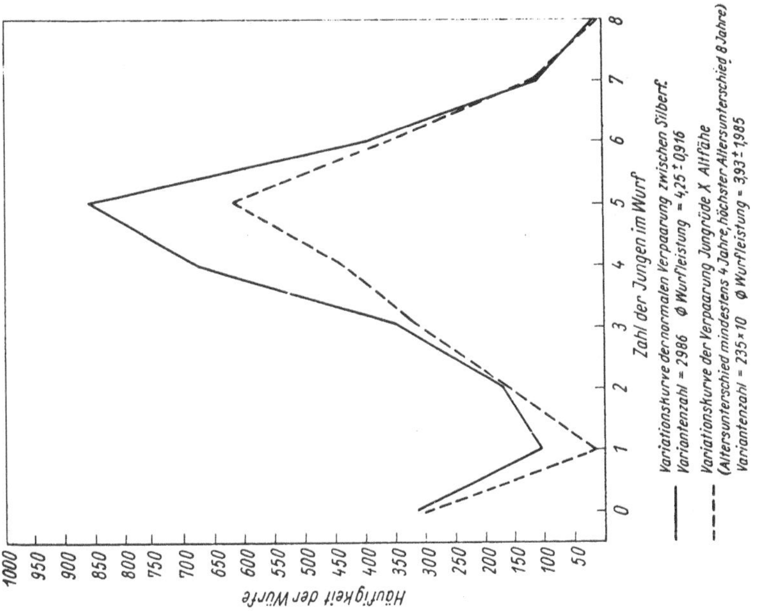

Variationskurven der Ø Wurfleistungen bei verschiedenen Verpaarungen

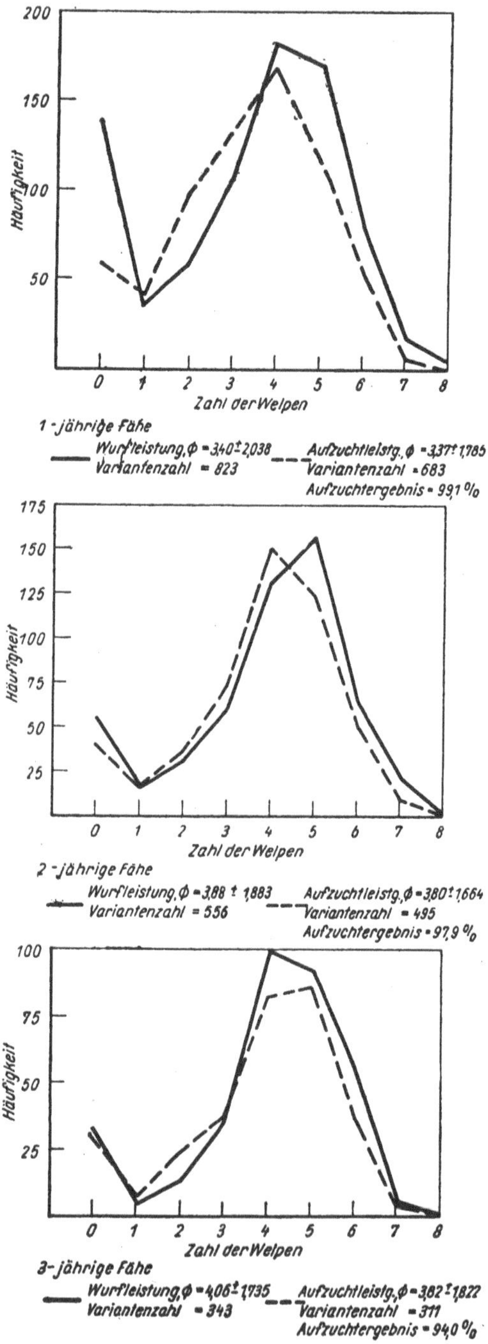

Variationskurven der ⌀ Wurf- u. Aufzuchstleistungen von Fähen verschiedenen Alters

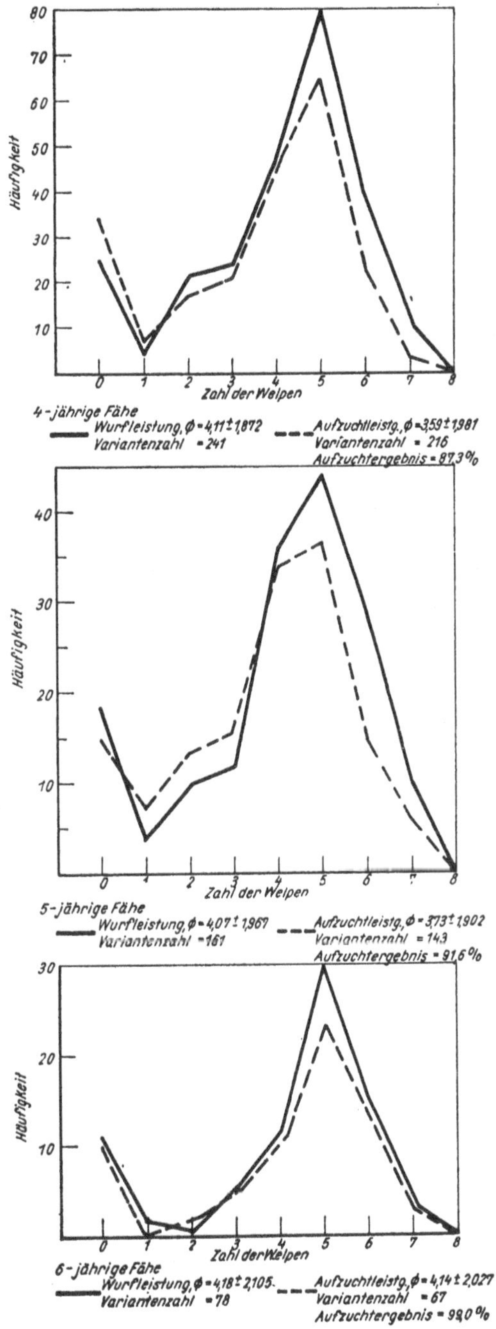

Variationskurven der ∅ Wurf- u. Aufzuchtleistungen von Fähen verschiedenen Alters

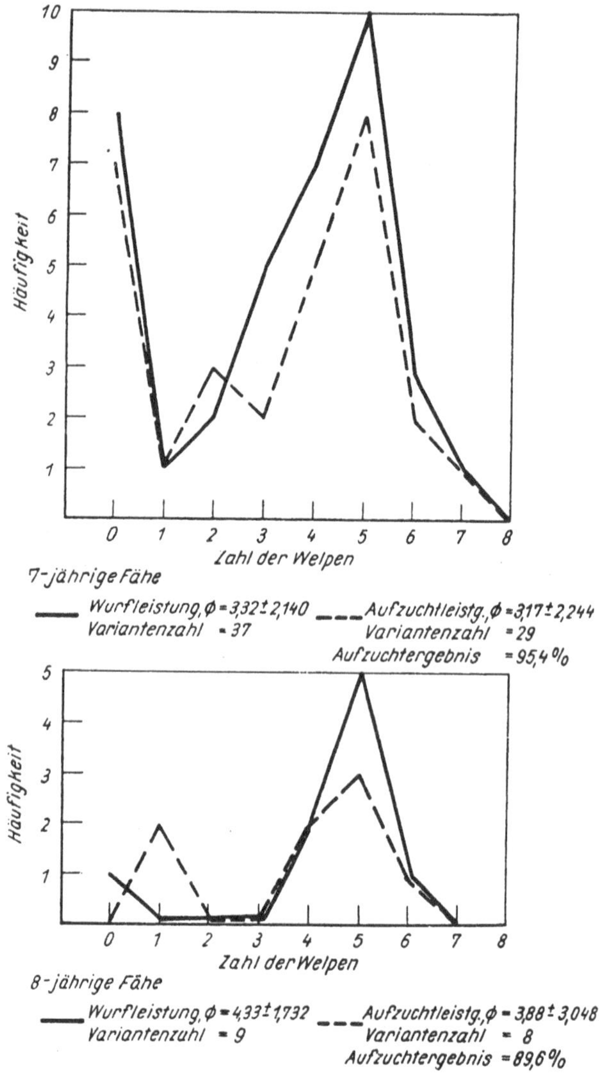

Variationskurven der ∅ Wurf- u. Aufzuchtleistungen von Fähen verschiedenen Alters

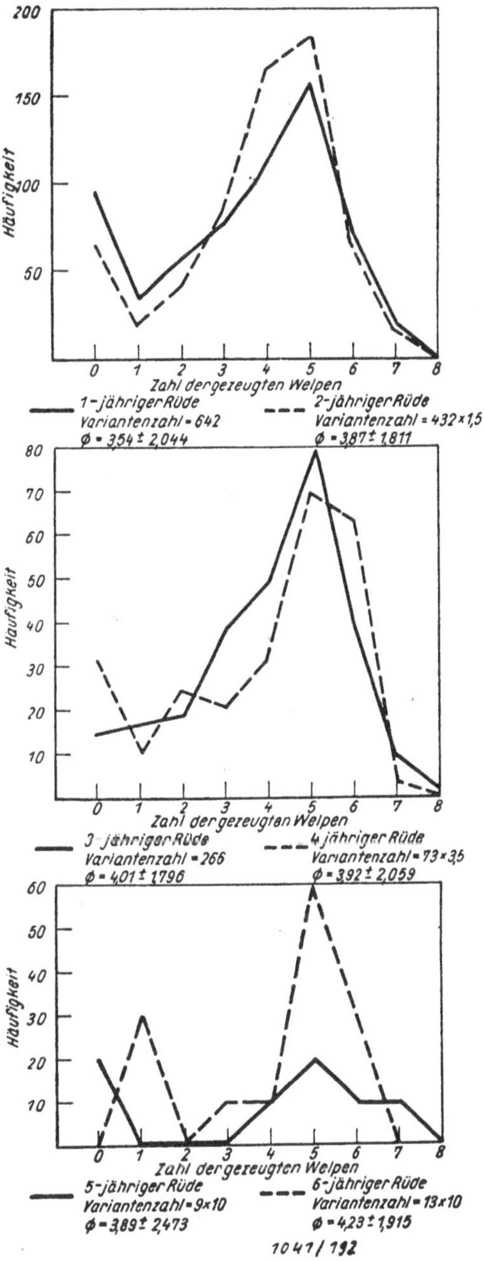

∅ Leistungen verschiedenaltriger Rüden

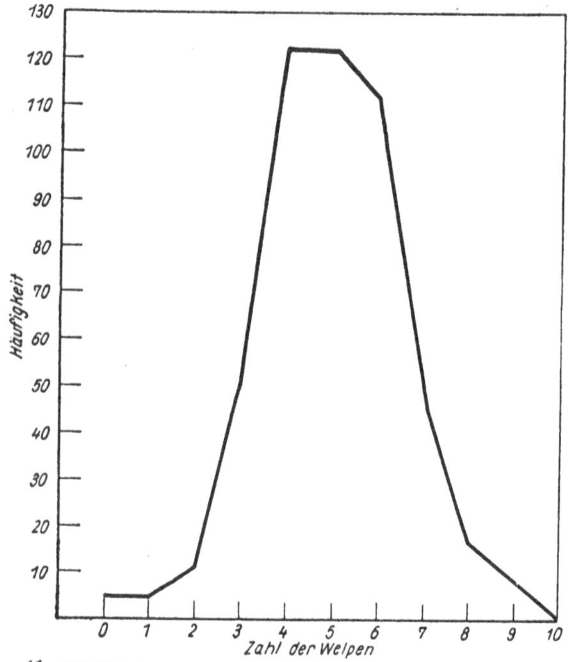

Bei normaler Verpaarung
Variantenzahl = 502
∅ Wurfgröße = 4,99 Welpen ± 1,849

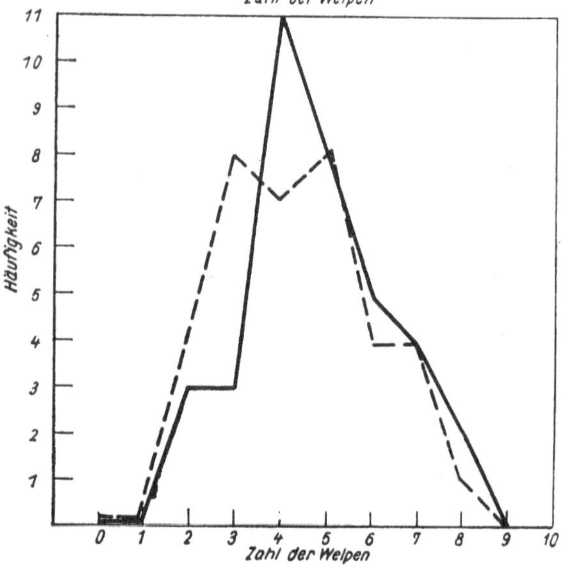

Bei der Verpaarung
Altrüde × Jungfähe
Variantenzahl = 36
Altersunterschied 4 bis 5 Jahre,
——— ∅ Wurfleistung = 4,80 Welpen + 1,558
– – – ∅ Aufzuchtleistung = 4,72 Welpen pro angesetzte Fähe
Aufzuchtergebnis = 98,3 %

Variationskurven der ∅ Wurfleistungen bei Standardnerzen

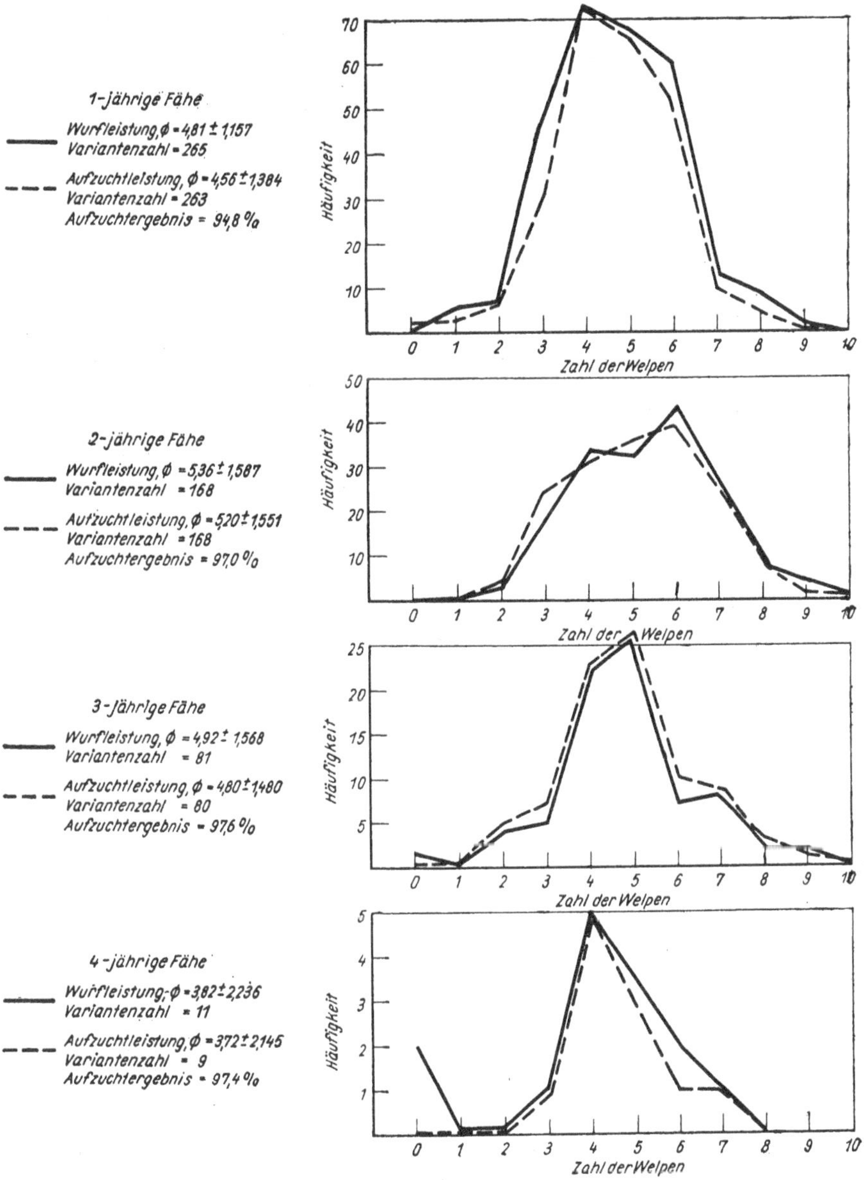

Variationskurven der ⌀ Wurf- u. Aufzuchtleistungen von Nezfähen verschiedenen Alters

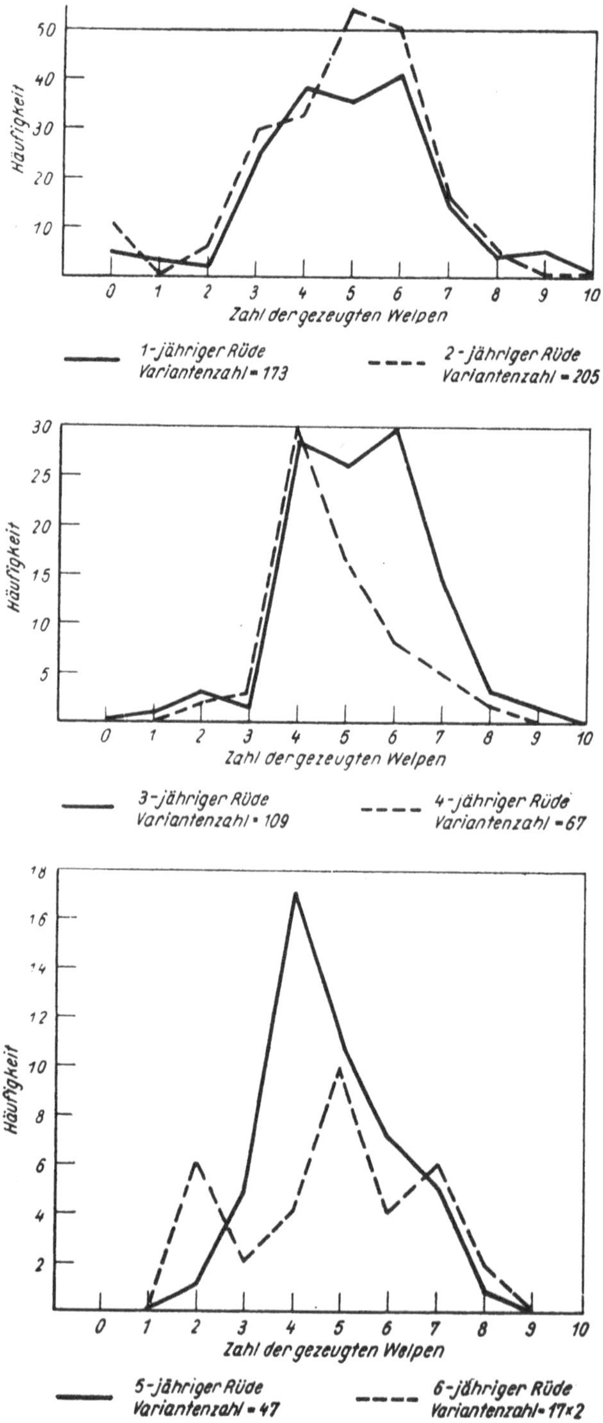

Variationskurven der ∅ Leistungen von Nerzrüden verschiedenen Alters

TABELLE 1

Zusammenfassung der Fruchtbarkeitsuntersuchungen (Silberfuchsfähen)

Tiergruppe	Variantenzahl	Primäres Geschlechtsverhältnis ♂ : ♀	Sekundäres Geschlechtsverhältnis ♂ : ♀	∅ Wurfergebnis	∅ Aufzuchtergebnis absolut	∅ Aufzuchtergebnis in %	leere Fähen %	Sterblichkeit der Jungrüden in %	Sterblichkeit der Jungfähen in %
1951									
1jähr. Fähen	285	108,5 : 100	109,2 : 100	3,94	3,35	85,0	15,3	14,7	15,4
2 „ „	168	113,7 : 100	117,7 : 100	4,16	3,72	89,3	10,5	9,2	13,3
3 „ „	90	118,3 : 100	129,6 : 100	4,49	4,13	92,0	8,7	4,2	12,1
4 „ „	66	113,8 : 100	113,3 : 100	4,50	4,00	88,8	10,1	11,4	10,9
5 „ „	59	124,1 : 100	132,7 : 100	4,55	4,22	92,7	12,2	4,7	10,9
6 „ „	75	115,8 : 100	113,8 : 100	4,73	4,33	91,5	14,4	9,5	7,9
7 „ „	4	275,0 : 100	275,0 : 100	3,75	3,75	100,0	20,0	0,0	0,0
8 „ „	12	180,0 : 100	172,2 : 100	4,66	4,08	87,5	14,2	13,9	10,0
	759	∅ 143,6 : 100	145,6 : 100	4,34	3,95	90,8	13,2	7,9	10,0
1952									
1jähr. Fähen	243	107,3 : 100	109,1 : 100	3,94	3,48	88,3	16,6	10,9	12,2
2 „ „	241	121,3 : 100	122,1 : 100	4,29	3,99	92,9	11,4	6,9	7,5
3 „ „	108	136,3 : 100	141,0 : 100	4,53	4,22	93,1	11,3	3,2	12,0
4 „ „	64	120,9 : 100	122,8 : 100	4,45	4,11	92,3	10,2	7,1	8,5
5 „ „	68	135,1 : 100	138,0 : 100	4,53	4,23	93,4	11,8	5,7	7,7
6 „ „	43	119,7 : 100	121,7 : 100	4,90	4,74	96,7	13,5	2,7	4,2
7 „ „	38	102,6 : 100	102,6 : 100	4,10	4,05	98,8	15,0	1,3	3,9
8+9 „ „	53	114,2 : 100	114,2 : 100	5,00	5,00	100,0	0,0	0,0	0,0
	958	∅ 119,6 : 100	121,4 : 100	4,47	4,22	94,4	12,9	4,7	7,0
1953									
1jähr. Fähen	281	111,5 : 100	106,2 : 100	4,30	2,11	49,1	17,4	52,0	49,6
2 „ „	225	116,7 : 100	116,4 : 100	4,59	2,39	52,1	10,9	48,0	47,8
3 „ „	190	108,5 : 100	109,1 : 100	4,76	2,65	55,6	10,2	44,2	46,8
4 „ „	83	132,7 : 100	107,2 : 100	4,78	2,42	50,6	11,3	55,0	43,3
5 „ „	46	112,7 : 100	114,2 : 100	5,08	2,93	57,6	11,7	42,0	42,8
6 „ „	35	112,7 : 100	102,2 : 100	4,80	2,83	58,9	13,8	49,5	44,3
7 „ „	26	133,9 : 100	124,2 : 100	5,52	2,96	53,6	18,4	48,1	44,1
8 „ „	21	154,1 : 100	166,6 : 100	5,81	3,05	52,4	4,5	46,0	50,0
	907	∅ 122,8 : 100	118,2 : 100	4,95	2,67	53,7	12,3	48,1	46,1
				M = 4,40	M = 3,34	M = 75,2			

TABELLE II

Zusammenfassung der Fruchtbarkeitsuntersuchungen (Platinkreuzungen)

	Variantenzahl	Primäres Geschlechtsverhältnis ♂ : ♀	Sekundäres Geschlechtsverhältnis ♂ : ♀	Primäres Farbverhältnis P : S	Sekundäres Farbverhältnis P : S	⌀ Wurfergebnis	⌀ Aufzuchtergebnis absol.	⌀ Aufzuchtergebnis %	Sterblichkeit der Jungrüden in %	Sterblichkeit der Jungfähen in %
1951										
Platin ♂ x Sifu ♀										
1jähr. Fähen	37	118,5 : 100	120,3 : 100	86,4 : 100	83,0 : 100	4,08	3,21	78,8	9,8	22,9
2 „ „	22	102,1 : 100	105,0 : 100	60,3 : 100	60,7 : 100	4,08	2,48	88,1	12,1	11,5
3 „ „	4	100,0 : 100	100,0 : 100	185,7 : 100	185,7 : 100	5,00	5,00	100,0	0,0	0,0
4 „ „	16	117,1 : 100	109,3 : 100	55,1 : 100	48,8 : 100	4,75	4,18	88,1	8,2	18,2
5 „ „	8	106,2 : 100	106,6 : 100	175,0 : 100	210,0 : 100	4,12	3,87	93,9	16,7	0,0
6 „ „	16	87,8 : 100	102,8 : 100	120,0 : 100	115,1 : 100	4,81	4,50	93,5	5,8	9,6
7+8 „ „	3	100,0 : 100	100,0 : 100	300,0 : 100	300,0 : 100	5,33	5,33	100,0	0,0	0,0
	106	⌀ 104,5 : 100	106,3 : 100	140,3 : 100	143,3 : 100	4,41	3,94	91,8	7,5	8,9
Sifu ♂ x Platin ♀										
1 jähr. Fähen	6	125,0 : 100	114,2 : 100	100 : 100	150 : 100	3,00	2,50	83,3	33,3	0,0
2 „ „	2	150,0 : 100	150,0 : 100	400 : 100	400 : 100	2,50	2,50	100,0	0,0	0,0
	8	⌀ 137,5 : 100	132,1 : 100	250 : 100	275 : 100	2,75	2,50	91,6	16,6	0,0

Fortsetzung: TABELLE II

1952										
Platin ♂ x Sifu ♀										
1 jähr. Fähen	14	76,4 : 100	78,5 : 100	100,0 : 100	85,1 : 100	4,28	3,57	83,3	10,0	23,4
2 „ „	26	131,3 : 100	133,3 : 100	84,3 : 100	86,6 : 100	4,53	4,30	94,9	6,3	3,7
3 „ „	11	86,4 : 100	86,3 : 100	92,8 : 100	88,8 : 100	4,90	4,63	94,6	3,6	7,7
4 „ „	8	86,6 : 100	86,6 : 100	86,6 : 100	86,6 : 100	3,50	3,50	100,0	0,0	0,0
5 „ „	9	90,0 : 100	89,4 : 100	65,2 : 100	63,6 : 100	4,75	4,50	94,7	4,4	6,7
	68	∅ 94,1 : 100	94,8 : 100	85,8 : 100	82,1 : 100	4,37	4,10	93,5	4,9	8,3
Sifu ♂ x Platin ♀										
1 jähr. Fähen	4	162,5 : 100	171,4 : 100	110,0 : 100	90,0 : 100	5,25	4,75	90,4	0,0	18,2
2 „ „	6	116,6 : 100	100,0 : 100	73,3 : 100	100,0 : 100	4,33	3,33	76,9	33,4	9,1
	10	∅ 139,5 : 100	135,7 : 100	91,6 : 100	95,0 : 100	4,79	4,04	83,7	16,7	13,6
1953										
Platin ♂ x Sifu ♀										
1 jähr. Fähen	18	122,8 : 100	125,0 : 100	85,7 : 100	71,4 : 100	4,33	2,00	46,1	50,0	58,4
2 „ „	3	87,5 : 100	28,5 : 100	87,5 : 100	125,0 : 100	5,00	3,00	60,0	50,0	28,6
3 „ „	4	142,8 : 100	166,6 : 100	183,3 : 100	100,0 : 100	4,25	2,00	47,0	16,7	54,0
4 „ „	6	137,5 : 100	12,5 : 100	111,1 : 100	80,0 : 100	6,33	1,50	23,6	72,3	80,0
	31	∅ 122,6 : 100	83,1 : 100	116,9 : 100	94,1 : 100	4,97	2,12	44,2	47,2	55,2
Sifu ♂ x Platin ♀										
1 jähr. Fähen	2	300 : 100	300,0 : 100	0,0 : 100	0,0 : 100	2,00	2,00	100,0	0,0	0,0
2 „ „	3	160 : 100	500,0 : 100	225,0 : 100	100,0 : 100	4,33	2,00	46,1	25,0	66,7
3 „ „	6	133 : 100	150,0 : 100	115,0 : 100	100,0 : 100	4,66	3,33	71,4	23,1	33,4
	11	∅ 198 : 100	317,0 : 100	113,0 : 100	66,7 : 100	3,66	2,44	72,5	16,0	33,4

TABELLE III

Zusammenfassung der Fruchtbarkeitsuntersuchungen (Silberfuchsrüden)

Tiergruppe	Rüden-zahl	∅ Zahl der gedeckten Fähen	davon blieben leer %	∅ Zahl der insges. gezeugten Welpen	∅ Zahl der Welpen pro gezeugten Wurf
1951					
1 jähr. Rüden	59	4,54	15,3	18,2	4,19 ± 1,393
2 „ „	41	6,22	11,5	26,7	4,29 ± 1,240
3 „ „	37	6,21	12,1	26,2	4,22 ± 1,328
4 „ „	10	4,50	14,2	22,8	4,60 ± 0,239
	147	5,34	13,3	23,5	4,32
1952					
1 jähr. Rüden	93	3,66	16,1	16,5	4,23 ± 1,105
2 „ „	51	4,72	12,3	20,3	4,27 ± 1,442
3 „ „	22	6,22	14,1	28,8	4,63 ± 1,363
4 „ „	14	6,57	18,4	28,6	4,36 ± 1,220
	180	5,29	15,2	23,6	4,37
1953					
1 jähr. Rüden	100	3,92	14,1	18,5	4,71 ± 1,361
2 „ „	64	5,62	10,2	26,5	4,72 ± 1,322
3 „ „	15	4,86	9,6	23,2	4,78 ± 1,418
4 „ „	8	5,25	12,5	24,6	3,79 ± 2,295
5 „ „	5	5,40	18,2	25,2	4,66 ± 1,208
	192	5,01	11,6	23,6	4,53

TABELLE IV

Zusammenfassung der Fruchtbarkeitsuntersuchungen (Nerzfähen)

Tiergruppe	Variantenzahl	Primäres Geschlechtsverhältnis ♂ : ♀	Sekundäres Geschlechtsverhältnis ♂ : ♀	Ø Wurfergebnis	Ø Aufzuchtergebnis absol.	Ø Aufzuchtergebnis in %	Leere Fähen %	Sterblichkeit der Jungrüden in %	Sterblichkeit der Jungfähen in %
1951									
1jähr. Fähen Apbg.	142	117,7 : 100	114,8 : 100	4,58	4,45	97,2	0,6	4,0	1,7
2 „ „ „	105	98,5 : 100	98,1 : 100	5,05	4,88	96,8	0,5	1,2	0,8
3 „ „ „	30	120,6 : 100	120,9 : 100	4,30	4,23	98,4	3,3	1,4	1,6
4 „ „ „	26	72,3 : 100	68,7 : 100	4,31	4,15	96,2	3,9	6,4	1,6
5 „ „ „	8	100,0 : 100	116,6 : 100	3,75	3,25	86,6	0,0	6,7	20,0
	311	Ø 101,8 : 100	103,8 : 100	4,40	4,19	95,2	2,1	3,9	5,1
1jähr. Fähen 2 Rüg.	21	124,4 : 100	123,2 : 100	4,80	4,57	95,2	9,5	5,2	4,5
2 „ „ „	19	93,1 : 100	88,6 : 100	4,47	4,36	97,6	5,0	4,9	0,0
	40	Ø 108,7 : 100	105,9 : 100	4,63	4,48	96,3	7,2	5,01	2,3
1952									
1jähr. Fähen Apbg.	120	107,4 : 100	103,9 : 100	4,65	4,30	92,5	3,4	9,4	5,6
2 „ „ „	116	94,7 : 100	91,6 : 100	5,38	4,95	92,0	1,2	9,6	6,9
3 „ „ „	73	88,5 : 100	86,2 : 100	4,73	4,47	94,5	1,1	6,8	4,4
4 „ „ „	16	97,6 : 100	80,0 : 100	5,18	4,49	86,7	0,0	22,0	4,8
5 „ „ „	13	86,6 : 100	89,6 : 100	4,30	4,23	98,4	0,0	0,0	3,4
	338	Ø 94,9 : 100	90,2 : 100	4,84	4,49	92,7	1,4	9,6	5,0
1jähr. Fähen Rüg.	17	117,6 : 100	105,8 : 100	4,94	4,70	95,1	5,5	10,0	0,0
2 „ „ „	15	80,0 : 100	78,9 : 100	4,80	4,53	94,3	0,0	6,3	5,0
3 „ „ „	13	94,2 : 100	91,1 : 100	5,23	5,00	95,5	0,0	6,1	2,9
	45	Ø 97,2 : 100	91,9 : 100 bis 25. 8.	4,99	4,74 bis 25. 8.	94,8	1,8	7,5 bis 25. 8.	3,6 bis 25. 8.
1955									
1jähr. Fähen Apbg.	144	101,5 : 100	91,8 : 100	4,48	4,07	90,8	2,9	11,1	4,4
2 „ „ „	88	101,6 : 100	103,7 : 100	5,41	4,96	91,7	1,8	7,5	9,4
3 „ „ „	80	129,1 : 100	118,6 : 100	5,30	4,84	91,3	2,4	12,2	4,4
4 „ „ „	46	116,0 : 100	109,0 : 100	4,97	4,54	91,3	2,1	11,4	5,7
5 „ „ „	8	133,3 : 100	133,3 : 100	4,37	4,37	100,0	0,0	0,0	0,0
	366	Ø 116,3 : 100	111,2 : 100	4,90	4,55	92,9	2,3	8,4	4,8
				M = 4,86	M = 4,54	M = 93,4			

TABELLE V

Zusammenfassung der Fruchtbarkeitsuntersuchungen (Nerzrüden)

Tiergruppe	Rüdenzahl	∅ Zahl der gedeckten Fähen	Befruchtungsergebnis %	∅ Zahl der insgesamt gezeugten Welpen	∅ Zahl der Welpen pro gezeugten Wurf
1951					
1 jähr. Rüd. Apbg.	22	3,0	92,5	13,9	4,81
2 „ „ „	17	10,2	96,8	49,9	4,87
3 „ „ „	7	5,0	98,0	24,4	4,88
4 „ „ „	5	9,8	100,0	35,0	4,48
5 „ „ „	6	6,6	100,0	30,0	4,50
	57	6,9	97,5	30,6	4,70
1 jähr. Rüd. Rügen	6	7,0	97,9	32,1	4,59
2 „ „ „	3	8,0	100,0	35,6	4,45
	9	7,5	99,0	33,8	4,52
1952					
1 jähr. Rüd. Apbg.	26	3,8	93,6	18,9	4,88
2 „ „ „	12	5,0	96,1	23,7	4,75
3 „ „ „	14	6,3	96,6	33,7	5,32
4 „ „ „	3	5,6	100,0	24,0	4,23
5 „ „ „	4	6,2	96,4	27,5	4,40
6 „ „ „	4	6,7	100,0	31,0	4,59
	63	5,6	97,1	26,5	4,69
1 jähr. Rüd. Rügen	4	2,0	97,2	11,2	5,62
2 „ „ „	6	6,8	97,9	30,0	4,39
3 „ „ „	3	5,3	100,0	25,6	4,81
	13	4,7	98,4	22,3	4,94
1953					
1 jähr. Rüd. Apbg.	37	3,6	94,3	18,5	5,09
2 „ „ „	18	5,4	95,9	26,8	4,93
3 „ „ „	6	5,6	100,0	26,3	4,64
4 „ „ „	3	6,3	100,0	32,6	5,15
5 „ „ „	1	7,0	100,0	42,0	4,57
6 „ „ „	3	6,3	100,0	32,0	5,05
	68	5,9	98,4	29,7	4,90

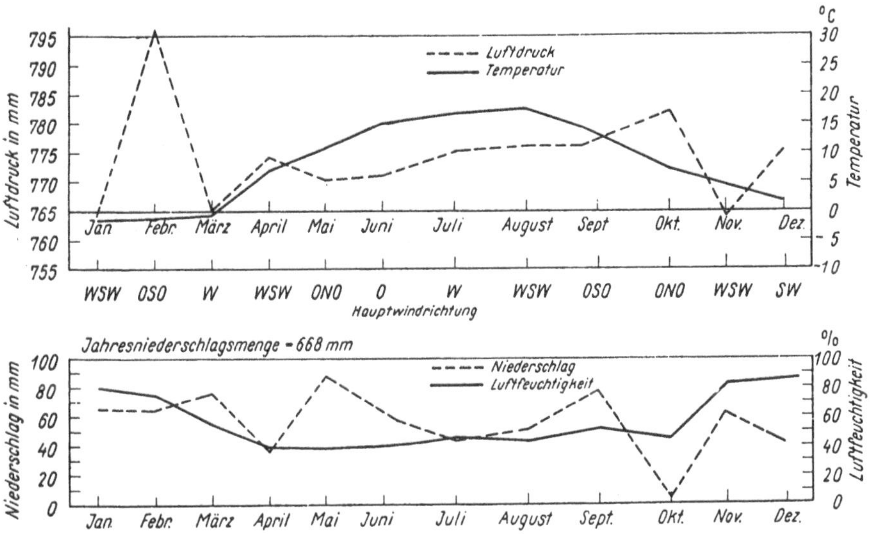

Graphische Darstellung des Witterungsverlaufes im Jahre 1951 in Appelburg

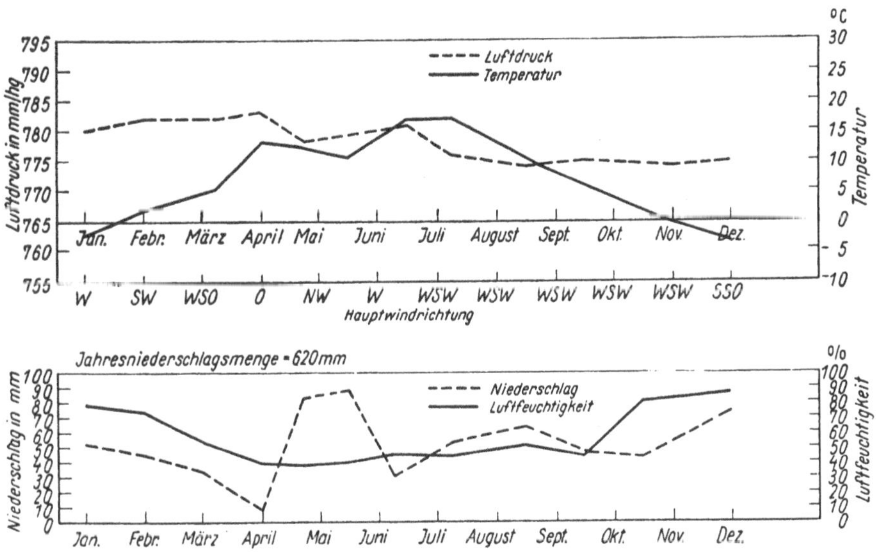

Graphische Darstellung des Witterungsverlaufes des Jahres 1952 in Appelburg

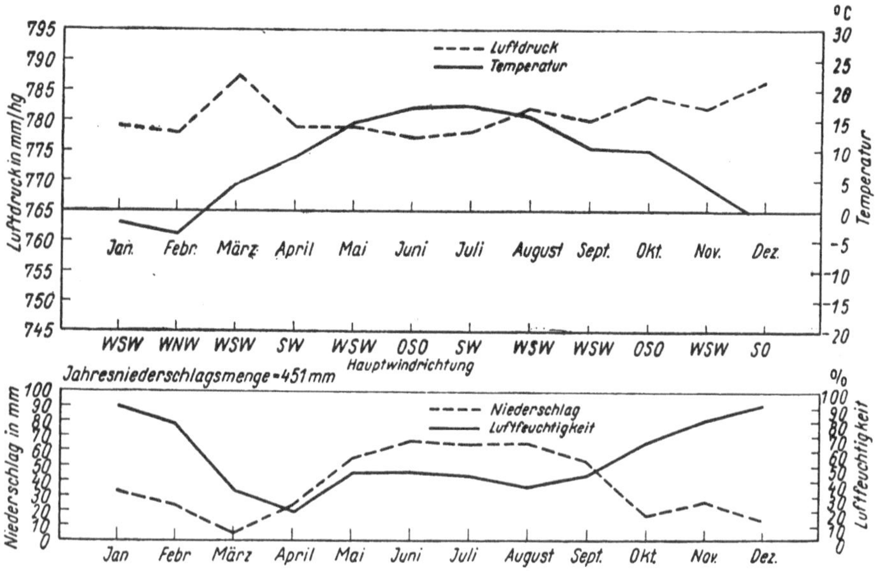

Graphische Darstellung des Witterungsverlaufes des Jahres 1953 in Appelburg

Witterungsverlauf des Jahres 1951 in Appelburg

Monat	Luftdruck mm/hg	Temperatur Grad C	Niederschlag mm	Luft-feuchtigkeit %	Hauptwind-richtung
Januar	764	—1,9	65,5	79	WSW
Februar	796	—1,1	64,0	74	OSO
März	765	—0,9	76,0	54	W
April	774	6,9	38,0	39	WSW
Mai	770	10,5	87,0	38	ONO
Juni	771	15,0	56,5	40	O
Juli	775	16,4	44,0	46	W
August	776	17,4	51,0	43	WSW
September	776	14,0	78,0	51	OSO
Oktober	782	7,0	4,0	44	ONO
November	764	4,4	62,0	81	WSW
Dezember	775	1,7	42,0	86	SW
Jahresdurch-schnitt	774	7,45	668,0 (Jahresmenge)	56	WSW

Witterungsverlauf des Jahres 1952 in Appelburg

Monat	Luftdruck mm/hg	Temperatur Grad C	Niederschlag mm	Luft-feuchtigkeit %	Hauptwind-richtung
Januar	780	—2,1	52	84	W
Februar	782	1,8	45	66	SW
März	762	5,2	34	42	WSW
April	783	12,7	8	30	O
Mai	778	12,0	82	42	NW
Juni	779	10,3	87	47	W
Juli	782	16,7	29	41	WSW
August	776	17,0	54	47	WSW
September	774	10,0	64	54	WSW
Oktober	775	5,7	47	74	WSW
November	774	—0,3	44	84	WSW
Dezember	775	—3,3	74	96	SSO
Jahresdurch-schnitt	776	7,13	620 (Jahresmenge)	58,9	WSW

Witterungsverlauf des Jahres 1953 in Appelburg

Monat	Luftdruck mm/hg	Temperatur Grad C	Niederschlag mm	Luft-feuchtigkeit %	Hauptwind-richtung
Januar	779	—2,2	33	91	WSW
Februar	778	—3,4	24,5	79	WSW
März	787	4,4	3	33	WNW
April	779	8,0	22	20	SW
Mai	779	14,4	57	45	WSW
Juni	777	17,0	67	46	OSO
Juli	778	17,5	65	43	SW
August	782	15,4	65	38	WSW
September	780	10,8	54	44	WSW
Oktober	784	9,8	18	66	OSO
November	782	3,3	27	81	WSW
Dezember	786	—0,4	15	91	SO
	⌀ 780	⌀ 7,88	451	⌀ 56,4	WSW

Tierfütterung

Gruppeneinteilung Füchse

Gruppe 1 Fähen	vom 1. 1. bis 14. 2.	Vorranz und Ranz	45 Tage
„ 2 ged. Fähen	„ 15. 2. „ 10. 4.	Tragezeit	55 „
„ 3 Fähen mit Wurf	„ 11. 4. „ 30. 6.	Säugezeit und Aufzucht	81 „
„ 4 Fähen	„ 1. 7. „ 31. 12.	Erhaltung	184 „
„ 5 Rüden	„ 1. 1. „ 14. 3.	Vorranz und Ranz	74 „
„ 6 Rüden	„ 15. 3. „ 31. 12.	Erhaltung	291 „
„ 7 Jungtiere	„ 1. 7. „ 31. 12.	Aufzucht	184 „

Gruppeneinteilung Nerze

Gruppe 1 Fähen	vom 1. 1. bis 15. 3.	Vorranz und Ranz	74 Tage
„ 2 ged. Fähen	„ 16. 3. „ 6. 5.	Tragezeit	52 „
„ 3 Fähen mit Wurf	„ 7. 5. „ 6. 7.	Säugezeit und Aufzucht	61 „
„ 4 Fähen	„ 7. 7. „ 31. 12.	Erhaltung	178 „
„ 5 Rüden	„ 1. 1. „ 12. 4.	Vorranz und Ranz	112 „
„ 6 Rüden	„ 13. 4. „ 31. 12.	Erhaltung	253 „
„ 7 Welpen	„ 7. 7. „ 31. 12.	Aufzucht	178 „

Gruppe 4. Tierfütterung Füchse

Futtermittel	1951 g	1951 Kal.	1951 Protein	1951 Fett	1951 N-freie Extraktstoffe	1951 Rohfaser	1952 g	1952 Kal.	1952 Protein	1952 Fett	1952 N-freie Extraktstoffe	1952 Rohfaser	1953 g	1953 Kal.	1953 Protein	1953 Fett	1953 N-freie Extraktstoffe	1953 Rohfaser
Fleisch m. Knochen	20448	23719	4399	593	102	—	24985	28958	5369	724	125	—	26820	31130	5869	778	134	—
Fleisch gekocht	2871	2813	615	63	11	—	2040	2000	437	45	8	—	314	308	67	7	1	—
Köpfe	800	896	165	26	3	—	—	—	—	—	—	—	940	1054	194	30	—	—
Innereien	10787	7550	1510	140	—	—	11918	8341	1670	155	—	—	12414	8682	1738	161	—	—
Blut frisch	2558	1944	463	5	—	—	1695	1288	305	3	—	—	1830	1391	331	4	—	—
Blut gekocht	606	387	109	1	—	—	220	141	40	—	—	—	—	—	—	—	—	—
Futterfische	146	121	25	2	—	—	940	780	160	14	—	—	256	212	44	4	—	—
Fischinnereien	4131	1652	335	45	—	—	3526	1411	282	39	—	—	1481	592	120	16	—	—
Dorschköpfe	857	600	129	5	—	—	1680	1175	252	10	—	—	—	—	—	—	—	—
Milch voll	367	253	13	12	17	—	650	454	23	21	31	—	405	279	14	13	19	—
Milch mager	295	109	11	—	14	—	54	20	2	—	2	—	—	—	—	—	—	—
Molkeeiweiß	3211	5137	1061	48	80	—	1040	1665	343	16	26	—	—	—	—	—	—	—
Eier (g)	4	7	1	—	—	2	1	2	—	—	—	—	—	—	—	—	—	—
Gemengebrei	5536	6809	240	70	1225	79	12550	15405	544	159	2780	180	20210	24790	876	256	4430	290
Gerstenschrotbrei	4222	4981	139	13	1101	12	7280	8952	231	22	1820	19	410	485	13	1	103	11
Weizennachmehlbrei	12801	15873	692	119	2458	239	—	—	—	—	—	—	—	—	—	—	—	—
Haferflockenbrei	605	774	32	16	132	10	2510	3221	131	68	544	42	—	—	—	—	—	—
Kleie	15	53	2	1	8	1	—	—	—	—	—	—	216	761	32	10	118	16
Gemüse	1008	596	29	3	116	15	4020	1715	84	8	334	42	4340	1815	88	9	354	44
Sellerie	230	48	3	1	23	4	—	—	—	—	—	—	—	—	—	—	—	—
Mohrrüben	2995	1347	36	9	272	51	2505	1128	30	8	227	43	1612	726	20	5	147	27
Zwiebel	447	—	—	—	—	—	160	—	—	—	—	—	84	—	—	—	—	—
Porree	—	—	—	—	—	—	—	—	—	—	—	—	—	—	—	—	—	—
Silokohl	2832	1047	54	11	181	71	—	—	—	—	—	—	—	—	—	—	—	—
Tomaten	75	24	1	1	3	—	—	—	—	—	—	—	—	—	—	—	—	—
Keimfutter	30	119	8	2	14	1	735	2925	198	49	334	14	—	—	—	—	—	—
Kartoffeln	7507	6801	158	15	1472	75	5960	5360	125	12	1167	60	1969	1770	41	4	386	20
Mykostin	350	—	—	—	—	—	620	—	—	—	—	—	736	—	—	—	—	—
Trockenhefe	268	1072	142	11	62	—	89	320	47	4	21	—	146	525	77	6	34	—
Futterkalk	77	—	—	—	—	—	36	—	—	—	—	—	54	—	—	—	—	—
Bierhefe	5	4	1	—	—	—	32	28	5	—	2	—	—	—	—	—	—	—
Vit.-D-Präparat	—	—	—	—	—	—	—	—	—	—	—	—	—	—	—	—	—	—
Zucker	—	—	—	—	—	—	—	—	—	—	—	—	—	—	—	—	—	—
Fuchskuchen	294	896	126	16	73	1	424	1294	182	23	105	2	—	—	—	—	—	—
Insgesamt	86473	75630	10499	1228	7367	559	85678	86583	10060	1380	7526	402	74237	74520	9434	1304	5726	408
Ø pro Tag	469,9	411,0	57,0	6,6	40,0	3,0	465,6	470,0	54,3	7,5	40,9	2,2	403,4	404,9	51,2	7,1	31,1	2,2

Gruppe 5. Tierfütterung Füchse

Futtermittel	1951 g	1951 Kal.	1951 Protein	1951 Fett	1951 N-freie Extraktstoffe	1951 Rohfaser	1952 g	1952 Kal.	1952 Protein	1952 Fett	1952 N-freie Extraktstoffe	1952 Rohfaser	1953 g	1953 Kal.	1953 Protein	1953 Fett	1953 N-freie Extraktstoffe	1953 Rohfaser
Fleisch m. Knochen	12225	14190	2630	355	61	—	12250	14210	2635	355	61	—	15130	17560	3258	439	76	—
Fleisch gekocht	—	—	—	—	—	—	1435	1407	302	32	6	—	—	—	—	—	—	—
Köpfe	210	235	43	7	1	—	466	522	96	15	2	—	—	—	—	—	—	—
Innereien	7090	4960	994	92	—	—	7378	5160	1035	96	—	—	7412	5185	1029	96	—	—
Blut frisch	1480	1123	266	3	—	—	1105	839	200	2	—	—	848	644	153	2	—	—
Blut gekocht	—	—	—	—	—	—	430	275	77	1	—	—	—	—	—	—	—	—
Futterfische	310	257	53	47	—	—	—	—	—	—	—	—	344	286	59	5	—	—
Fischinnereien	—	—	—	—	—	—	60	24	5	—	—	—	—	—	—	—	—	—
Dorschköpfe	2300	1610	345	14	—	—	197	138	31	1	—	—	—	—	—	—	—	—
Milch voll	—	—	—	—	—	—	538	371	19	17	25	—	736	508	26	24	35	—
Milch mager	—	—	—	—	—	—	—	—	—	—	—	—	—	—	—	—	—	—
Molkeeiweiß	—	—	—	—	—	—	400	640	132	6	10	—	—	—	—	—	—	—
Eier (g)	—	—	—	—	—	—	2	3	—	—	—	—	—	—	—	—	—	—
Gemengebrei	4120	5055	179	52	912	59	2488	3050	108	32	546	36	3758	4610	163	48	833	54
Gerstenschrotbrei	174	205	6	—	43	—	—	—	—	—	—	—	—	—	—	—	—	—
Weizennachmehlbrei	1022	1265	55	10	197	19	2288	2830	124	21	435	43	—	—	—	—	—	—
Haferflockenbrei	644	828	34	17	141	11	—	—	—	—	—	—	—	—	—	—	—	—
Kleie	—	—	—	—	—	—	—	—	—	—	—	—	—	—	—	—	—	—
Gemüse	1840	8605	42	4	168	21	330	189	10	1	37	5	420	375	18	2	73	9
Sellerie	10	2	—	—	1	—	—	—	—	—	—	—	160	34	1	—	16	3
Mohrrüben	1025	461	12	3	93	17	922	415	11	3	84	16	1373	618	16	4	125	23
Zwiebel	210	—	—	—	—	—	—	—	—	—	—	—	245	—	—	—	—	—
Porree	50	—	—	—	—	—	130	—	—	—	—	—	240	—	—	—	—	—
Silokohl	—	—	—	—	—	—	644	238	12	3	41	16	—	—	—	—	—	—
Tomaten	—	—	—	—	—	—	—	—	—	—	—	—	—	—	—	—	—	—
Keimfutter	580	2309	161	39	263	11	730	2908	202	49	332	14	934	3718	258	63	424	18
Kartoffeln	1150	1035	23	2	226	12	1032	929	22	2	202	10	1594	1435	33	3	312	16
Mykostin	180	—	—	—	—	—	135	—	—	—	—	—	210	—	—	—	—	—
Trockenhefe	145	521	77	6	33	—	145	474	70	5	30	—	112	403	59	4	26	—
Futterkalk	—	—	—	—	—	—	15	—	—	—	—	—	—	—	—	—	—	—
Bierhefe	35	31	5		2	—	51	45	7	—	3	—	135	120	20	1	8	—
Vit.-D.-Präparat	—	—	—	—	—	—	—	—	—	—	—	—	—	—	—	—	—	—
Zucker	—	—	—	—	—	—	—	—	—	—	—	—	—	—	—	—	—	—
Fuchskuchen	—	—	—	—	—	—	—	—	—	—	—	—	—	—	—	—	—	—
Insgesamt	34700	42692	4925	651	2141	150	32751	34637	5198	641	1814	140	33651	35496	5094	691	1928	123
∅ pro Tag	468,9	576,5	66,6	8,8	29,0	2,3	442,5	454,5	70,2	8,6	24,5	1,8	454,7	479,8	68,8	9,3	26,0	1,6

Gruppe 6. Tierfütterung Füchse

Futtermittel	1951 g	1951 Kal.	1951 Protein	1951 Fett	1951 N-freie Extraktstoffe	1951 Rohfaser	1952 g	1952 Kal.	1952 Protein	1952 Fett	1952 N-freie Extraktstoffe	1952 Rohfaser	1953 g	1953 Kal.	1953 Protein	1953 Fett	1953 N-freie Extraktstoffe	1953 Rohfaser
Fleisch m. Knochen	38765	44950	8339	1125	194	—	35364	41020	7620	1025	177	—	51654	60000	11120	1500	258	—
Fleisch gekocht	4202	4160	900	92	17	—	5480	6361	1175	121	22	—	314	308	67	7	1	—
Köpfe	1920	2150	396	61	8	—	1311	1468	270	42	5	—	1940	2172	400	62	8	—
Innereien	15283	10690	2140	153	—	—	21164	14810	2962	275	—	—	19400	13560	2718	252	—	—
Blut frisch	4628	3515	838	9	—	—	3695	2805	669	7	—	—	4502	3420	816	9	—	—
Blut gekocht	606	388	109	1	—	—	420	269	76	1	—	—	—	—	—	—	—	—
Futterfische	2071	1720	352	31	—	—	1000	830	170	15	—	—	256	212	44	4	—	—
Fischinnereien	5494	4560	439	55	—	—	4061	1625	325	45	—	—	5481	2195	444	60	—	—
Dorschköpfe	1467	1025	220	9	—	—	1920	1344	300	12	—	—	—	—	—	—	—	—
Milch voll	367	253	13	12	17	—	908	630	32	29	43	—	630	434	22	20	30	—
Milch mager	295	109	11	2	14	—	54	20	2	—	2	—	—	—	—	—	—	—
Molkeeiweiß	3211	5140	1060	48	80	—	3080	6081	1255	57	95	—	—	—	—	—	—	—
Eier (g)	4	7	1	—	—	—	1	2	—	—	—	—	—	—	—	—	—	—
Gemengebrei	4315	5291	187	55	956	62	15460	18900	669	195	3410	221	20414	31170	1101	322	5630	364
Gerstenschrotbrei	6430	7590	204	19	1608	17	12745	15050	403	38	3180	34	410	484	13	1	103	1
Weizennachmehlbrei	20025	24760	1083	187	3845	334	2715	3360	147	25	520	51	—	—	—	—	—	—
Haferflockenbrei	2993	3845	157	82	652	50	2710	3475	142	73	590	45	—	—	—	—	—	—
Kleie	15	53	2	1	8	1	140	494	22	7	76	10	156	550	23	8	85	11
Gemüse	1208	852	42	4	166	21	7265	3045	148	15	594	74	6220	2585	126	13	504	63
Sellerie	230	48	3	1	22	4	—	—	—	—	—	—	—	—	—	—	—	—
Mohrrüben	5185	2335	62	16	472	88	2870	1291	34	9	261	49	2635	1186	27	8	240	45
Zwiebel	871	—	—	—	—	—	160	—	—	—	—	—	84	—	—	—	—	—
Porree	—	—	—	—	—	—	—	—	—	—	—	—	—	—	—	—	—	—
Silokohl	3736	1379	71	15	238	93	1387	511	26	6	89	35	—	—	—	—	—	—
Tomaten	75	25	1	1	5	—	—	—	—	—	—	—	—	—	—	—	—	—
Keimfutter	105	418	29	7	48	2	1215	4835	336	81	551	23	344	1370	95	23	156	7
Kartoffeln	11092	9980	233	22	216	111	8743	7787	175	17	1705	87	3215	2895	64	6	611	32
Mykostin	448	—	—	—	—	—	811	—	—	—	—	—	827	—	—	—	—	—
Trockenhefe	295	1063	156	12	68	—	255	918	135	10	59	—	146	526	77	6	34	—
Futterkalk	77	—	—	—	—	—	69	—	—	—	—	—	54	—	—	—	—	—
Bierhefe	180	160	26	1	10	—	64	57	9	1	4	—	—	—	—	—	—	—
Vit.-D.-Präparat	—	—	—	—	—	—	—	—	—	—	—	—	—	—	—	—	—	—
Zucker	—	—	—	—	—	—	—	—	—	—	—	—	—	—	—	—	—	—
Fuchskuchen	576	1758	248	32	143	2	—	—	—	—	—	—	—	—	—	—	—	—
Insgesamt	132169	138224	16322	2052	10723	785	135067	135988	17202	2106	11403	629	116482	123067	17157	2301	7660	523
Ø pro Tag	454,2	475,0	56,1	7,0	39,7	2,7	467,1	467,3	59,1	7,2	39,1	2,1	400,3	422,8	58,9	7,8	26,3	1,8

Gruppe 7. Tierfütterung Füchse

Futtermittel	1951 g	Kal.	Protein	Fett	N-freie Extrakt-stoffe	Roh-faser	1952 g	Kal	Protein	Fett	N-freie Extrakt-stoffe	Roh-faser	1953 g	Kal.	Protein	Fett	N-freie Extrakt-stoffe	Roh-faser
Fleisch m. Knochen	20564	23850	4421	596	104	—	22438	26000	4823	651	112	—	24310	28240	5238	706	122	—
Fleisch gekocht	2066	2025	442	45	8	—	2260	2215	484	50	9	—	314	308	67	7	1	—
Köpfe	635	710	131	19	3	—	—	—	—	—	—	—	—	—	—	—	—	—
Innereien	10480	7312	1468	136	—	—	9530	6665	1335	124	—	—	11860	8300	1661	154	—	—
Blut frisch	2474	1879	445	5	—	—	2690	2045	487	5	—	—	1750	1328	317	4	—	—
Blut gekocht	677	433	122	1	—	—	80	51	14	—	—	—	—	—	—	—	—	—
Futterfische	193	160	33	3	—	—	940	780	160	14	—	—	256	212	44	4	—	—
Fischinnereien	3718	1489	297	41	—	—	2957	1184	239	33	—	—	1230	492	100	14	—	—
Dorschköpfe	893	625	139	5	—	—	1230	860	192	7	—	—	—	—	—	—	—	—
Milch voll	613	423	21	20	29	—	653	450	23	21	31	—	749	516	26	24	35	—
Milch mager	300	111	11	1	14	—	54	20	2	—	2	—	—	—	—	—	—	—
Molkeeiweiß	4171	6675	1375	63	104	—	542	868	179	8	14	—	—	—	—	—	—	—
Eier (g)	4	7	1	—	—	—	—	—	—	—	—	—	—	—	—	—	—	—
Gemengebrei	5883	7219	255	74	1312	84	11355	13940	492	144	2515	163	19288	23680	836	244	4271	276
Gerstenschrotbrei	3691	4350	117	11	922	10	6460	7630	205	19	1615	17	2312	2718	73	7	577	6
Weizennachmehlbrei	15047	18620	814	141	2890	281	—	—	—	—	—	—	—	—	—	—	—	—
Haferflockenbrei	626	805	33	17	137	10	1112	1428	58	30	243	19	880	1115	46	23	189	15
Kleie	15	53	2	—	8	1	—	—	—	—	—	—	334	1180	50	16	181	24
Gemüse	2174	1065	52	5	208	26	3611	1545	75	8	302	38	4095	1710	83	8	333	42
Sellerie	230	48	3	—	23	4	—	—	—	—	—	—	—	—	—	—	—	—
Mohrrüben	2616	1177	31	8	238	44	2095	942	25	6	191	36	1450	652	17	4	132	25
Zwiebel	422	—	—	—	—	—	160	—	—	—	—	—	75	—	—	—	—	—
Porree	—	—	—	—	—	—	—	—	—	—	—	—	—	—	—	—	—	—
Silokohl	1519	562	29	6	97	38	—	—	—	—	—	—	—	—	—	—	—	—
Tomaten	60	18	1	1	3	—	—	—	—	—	—	—	—	—	—	—	—	—
Keimfutter	54	215	15	4	24	1	735	2925	204	49	334	14	—	—	—	—	—	—
Kartoffeln	7312	6600	147	15	1435	73	6128	5505	129	12	1201	61	1364	1227	29	3	267	14
Mykostin	467	—	—	—	—	—	620	—	—	—	—	—	686	—	—	—	—	—
Trockenhefe	293	1055	155	12	68	—	89	321	47	4	21	—	112	403	59	4	26	—
Futterkalk	63	—	—	—	—	—	36	—	—	—	—	—	30	—	—	—	—	—
Bierhefe	7	1	—	—	—	—	32	28	5	—	2	—	—	—	—	—	—	—
Vit.-D.-Präparat	0,05	—	—	—	—	—	—	—	—	—	—	—	—	—	—	—	—	—
Zucker	—	—	—	—	—	—	—	—	—	—	—	—	—	—	—	—	—	—
Fuchskuchen	173	528	74	10	43	1	312	952	134	17	77	1	—	—	—	—	—	—
Insgesamt	70440	88014	10633	1239	7670	573	76129	76454	9312	1209	6669	349	70095	72061	8646	1222	6134	402
Ø pro Tag	491,5	478,3	57,7	6,7	41,6	3,1	413,7	415,5	50,6	6,5	36,2	1,8	380,9	391,6	46,9	6,6	33,3	2,1

Gruppe 1. Tierfütterung Nerze

Futtermittel	1951 g	1951 Kal.	1951 Protein	1951 Fett	1951 N-freie Extrakt-stoffe	1951 Roh-faser	1952 g	1952 Kal.	1952 Protein	1952 Fett	1952 N-freie Extrakt-stoffe	1952 Roh-faser	Tierfütterung Nerze 1953 g	1953 Kal.	1953 Protein	1953 Fett	1953 N-freie Extrakt-stoffe	1953 Roh-faser
Fleisch m. Knochen	6034	7000	1296	175,0	31,8	—	6611	7670	1421	191,7	33,1	—	4671	5420	1005	135,5	23,4	—
Fleisch gekocht	—	—	—	—	—	—	—	—	—	—	—	—	—	—	—	—	—	—
Köpfe	116	130	24	3,7	0,5	—	94	105	19	3,0	0,4	—	—	—	—	—	—	—
Innereien	3588	2510	501	46,6	—	—	3197	2236	448	41,6	—	—	3315	2320	465	43,1	—	—
Blut frisch	334	254	61	0,7	—	—	408	310	74	0,8	—	—	250	190	45	0,5	—	—
Blut gekocht	—	—	—	—	—	—	68	43	12	0,1	—	—	—	—	—	—	—	—
Futterfische	250	207	43	3,7	—	—	—	—	—	—	—	—	1460	1211	248	21,9	—	—
Fischinnereien	—	—	—	—	—	—	45	18	4	0,5	—	—	—	—	—	—	—	—
Dorschköpfe	1320	924	206	7,9	—	—	160	112	25	1,0	—	—	—	—	—	—	—	—
Milch, voll	—	—	—	—	—	—	237	163	8	7,6	10,9	—	598	412	21	19,1	28,1	—
Milch, mager	255	94	9	0,5	11,7	—	—	—	—	—	—	—	—	—	—	—	—	—
Molkeeiweiß	—	—	—	—	—	—	200	320	66	3,0	5,0	—	—	—	—	—	—	—
Eier (g)	0,6	—	—	—	—	—	—	—	—	—	—	—	—	—	—	—	—	—
Gemengebrei	1575	1932	68	19,9	349,1	22,6	974	1192	42	12,3	216,0	14,0	1280	1570	55	16,2	283,8	18,4
Gerstenschrotbrei	50	46	1	0,1	9,7	0,1	—	—	—	—	—	—	—	—	—	—	—	—
Weizennachmehlbrei	240	297	13	2,2	45,6	4,5	874	1080	47	8,1	167,7	16,3	—	—	—	—	—	—
Haferflockenbrei	135	173	7	3,6	29,4	2,3	—	—	—	—	—	—	—	—	—	—	—	—
Kleie	—	—	—	—	—	—	—	—	—	—	—	—	—	—	—	—	—	—
Gemüse	765	341	17	1,7	66,4	8,3	84	34	17	0,2	6,7	0,8	143	49	4	0,4	15,4	1,9
Sellerie	—	—	—	—	—	—	—	—	—	—	—	—	159	33	2	0,5	15,6	3,2
Mohrrüben	210	94	3	0,6	19,1	3,6	509	229	6	1,5	46,3	8,7	295	133	4	0,9	26,8	5,2
Zwiebel	66	—	—	—	—	—	—	—	—	—	—	—	50	—	—	—	—	—
Silokohl	—	—	—	—	—	—	280	103	5	1,1	17,9	7,0	—	—	—	—	—	—
Keimfutter	75	199	21	5,0	34,1	1,4	—	—	—	—	—	—	268	1068	74	18,0	121,7	5,1
Kartoffeln	578	520	12	1,2	113,5	5,8	458	412	10	0,2	89,9	4,6	320	288	7	0,6	62,7	3,2
Mykostin	195	—	—	—	—	—	187	—	—	—	—	—	265	—	—	—	—	—
Trockenhefe	140	504	74	5,6	32,2	—	110	396	58	4,4	25,4	—	25	90	13	1,0	5,8	—
Futterkalk	—	—	—	—	—	—	10	—	—	—	—	—	—	—	—	—	—	—
Bierhefe	5	4	1	—	—	—	18	116	3	0,1	1,1	—	84	75	12	0,7	4,7	—
Vit. D-Präparat	—	—	—	—	—	—	—	—	—	—	—	—	—	—	—	—	—	—
Zucker	—	—	—	—	—	—	—	—	—	—	—	—	—	—	—	—	—	—
Insgesamt	15943,6	15329	2357	238,0	743,2	48,6	14524	14439	2266	227,2	620,4	51,4	13183	12859	1988	258,4	588,0	37,0
Ø pro Tag	215,4	207,1	31,8	3,2	10,0	0,6	196,2	195,1	30,6	3,7	8,3	0,7	178,1	173,7	26,8	3,5	7,9	0,5

Gruppe 2. Tierfütterung Nerze

Futtermittel	1951						1952						1953					
	g	Kal.	Protein	Fett	N-freie Extrakt-stoffe	Roh-faser	g	Kal.	Protein	Fett	N-freie Extrakt-stoffe	Roh-faser	g	Kal.	Protein	Fett	N-freie Extrakt-stoffe	Roh-faser
Fleisch m. Knochen	3748	4345	859	108,7	18,7	—	4679	5430	1006	135,7	23,4	—	4864	5640	1045	141,0	24,3	—
Fleisch gekocht	—	—	—	—	—	—	—	—	—	—	—	—	—	—	—	—	—	—
Köpfe	365	408	75	11,7	1,5	—	—	—	—	—	—	—	—	—	—	—	—	—
Innereien	1326	928	190	17,2	—	—	1654	1157	232	21,5	—	—	2380	1665	333	31,0	—	—
Blut, frisch	374	284	68	0,7	—	—	394	299	71	0,8	—	—	403	306	73	0,8	—	—
Blut, gekocht	—	—	—	—	—	—	93	59	17	0,2	—	—	—	—	—	—	—	—
Futterfische	320	265	54	4,8	—	—	50	41	8	0,7	—	—	—	—	—	—	—	—
Fischinnereien	—	—	—	—	—	—	126	50	10	1,5	—	—	—	—	—	—	—	—
Dorschköpfe	—	—	—	—	—	—	—	—	—	—	—	—	—	—	—	—	—	—
Milch, voll	—	—	—	—	—	—	285	197	10	9,1	13,4	—	278	192	10	8,9	13,1	—
Milch, mager	—	—	—	—	—	—	—	—	—	—	—	—	—	—	—	—	—	—
Molkeeiweiß	—	—	—	—	—	—	382	612	126	5,7	9,5	—	—	—	—	—	—	—
Eier	1	2	—	0,1	—	—	—	—	—	—	—	—	—	—	—	—	—	—
Gemengebrei	—	—	—	—	—	—	731	884	31	9,1	159,5	10,3	1255	1530	54	15,8	280,0	17,8
Gerstenschrotbrei	479	562	15	1,4	119,1	1,3	186	219	6	0,6	46,4	0,5	—	—	—	—	—	—
Weizennachmehlbrei	1453	1800	78	13,6	271,0	27,1	408	504	22	3,8	78,4	7,6	—	—	—	—	—	—
Haferflockenbrei	479	612	25	12,9	103,8	7,9	96	123	5	2,6	20,9	1,6	—	—	—	—	—	—
Kleie	—	—	—	—	—	—	—	—	—	—	—	—	—	—	—	—	—	—
Gemüse	—	—	—	—	—	—	359	147	7	0,7	28,7	3,6	257	105	5	0,5	20,5	2,6
Sellerie	—	—	—	—	—	—	—	—	—	—	—	—	9	2	—	—	0,9	0,1
Mohrrüben	602	271	7	1,8	54,8	10,2	140	63	2	0,4	12,7	2,4	420	189	5	1,3	38,2	7,1
Zwiebel	67	—	—	—	—	—	—	—	—	—	—	—	—	—	—	—	—	—
Silokohl	40	15	1	0,2	2,6	1,0	208	77	4	0,8	13,3	5,2	—	—	—	—	—	—
Keimfutter	433	1725	120	29,0	197,6	8,2	350	1395	97	23,4	158,9	6,6	412	1645	114	27,6	188,0	7,8
Kartoffeln	581	522	12	1,2	114,0	5,8	453	408	10	0,9	88,9	4,5	230	207	5	0,5	45,1	2,3
Mykostin	182	—	—	—	—	—	114	—	—	—	—	—	205	—	—	—	—	—
Trockenhefe	—	—	—	—	—	—	100	360	53	4,0	23,1	—	55	198	29	2,2	12,7	—
Futterkalk	—	—	—	—	—	—	50	—	—	—	—	—	—	—	—	—	—	—
Bierhefe	73	65	11	0,6	4,1	—	8	7	—	—	—	—	260	231	38	2,1	14,5	—
Vit. D-Präparate	—	—	—	—	—	—	—	—	—	—	—	—	—	—	—	—	—	—
Zucker	—	—	—	—	—	—	—	—	—	—	—	—	—	—	—	—	—	—
Insgesamt	10523	11804	1515	203,9	987,2	61,5	10866	12032	1727	221,3	677,1	42,3	11115	11910	1711	231,8	637,3	37,7
Ø pro Tag	202,3	227,0	29,1	3,9	19,0	1,1	208,9	231,3	33,2	4,2	13,0	0,8	213,7	229,0	32,9	4,4	12,2	0,7

Gruppe 3. Tierfütterung Nerze

Futtermittel	1951 g	1951 Kal.	1951 Protein	1951 Fett	1951 N-freie Extrakt-stoffe	1951 Roh-faser	1952 g	1952 Kal.	1952 Protein	1952 Fett	1952 N-freie Extrakt-stoffe	1952 Roh-faser	1953 g	1953 Kal.	1953 Protein	1953 Fett	1953 N-freie Extrakt-stoffe	1953 Roh-faser
Fleisch m. Knochen	4600	5335	990	134,0	23,0	—	7055	8181	1482	204,5	35,2	—	8221	9540	1769	238,5	41,1	—
Fleisch gekocht	659	645	141	14,5	2,6	—	19	19	4	0,4	0,1	—	—	—	—	—	—	—
Köpfe	226	253	47	7,2	0,9	—	50	56	11	1,6	0,2	—	—	—	—	—	—	—
Innereien	1918	1341	267	24,9	—	—	4631	3241	650	6,3	—	—	4560	3190	638	59,4	—	—
Blut frisch	151	115	27	0,3	—	—	726	552	131	1,4	—	—	610	463	110	1,2	—	—
Blut gekocht	—	—	—	—	—	—	—	—	—	—	—	—	—	—	—	—	—	—
Futterfische	2138	1775	364	32,1	—	—	430	357	73	6,5	—	—	200	166	34	3,0	—	—
Fischinnereien	140	56	11	1,5	—	—	350	140	28	3,8	—	—	—	—	—	—	—	—
Dorschköpfe	220	154	34	1,3	—	—	1700	1190	265	10,2	—	—	—	—	—	—	—	—
Milch voll	620	428	21	19,9	29,1	—	888	612	31	28,4	41,7	—	305	210	11	9,8	14,3	—
Milch mager	—	—	—	—	—	—	48	18	2	0,1	2,2	—	—	—	—	—	—	—
Molkeeiweiß	—	—	—	—	—	—	582	932	192	8,7	14,6	—	—	—	—	—	—	—
Eier (g)	33	55	4	4,0	0,2	—	—	—	—	—	—	—	—	—	—	—	—	—
Gemengebrei	535	655	23	6,8	118,2	7,7	1224	1502		15,5	271,2	17,5	2411	2960	104	30,6	534,2	34,5
Gerstenschrotbrei	755	892	24	2,3	189,0	2,0	2373	2800	75	7,1	593,1	6,3	80	95	3	0,2	20,2	0,2
Weizennachmehlbrei	3978	4915	215	37,1	763,1	74,2	272	337	15	2,5	52,4	5,1	—	—	—	—	—	—
Haferflockenbrei	1226	1581	64	33,1	267,1	20,4	—	—	—	—	—	—	450	577	24	12,1	98,0	7,5
Kleie	—	—	—	—	—	—	64	227	10	3,1	34,9	4,6	—	—	—	—	—	—
Gemüse	656	287	14	1,4	56,0	7,0	1293	530	26	2,6	103,5	12,9	1115	457	22	2,2	89,0	11,1
Sellerie	—	—	—	—	—	—	—	—	—	—	—	—	—	—	—	—	—	—
Mohrrüben	156	70	2	0,5	14,2	2,7	—	—	—	—	—	—	—	—	—	—	—	—
Zwiebel	44	—	—	—	—	—	—	—	—	—	—	—	—	—	—	—	—	—
Silokohl	—	—	—	—	—	—	90	33	2	0,4	5,8	2,3	—	—	—	—	—	—
Keimfutter	300	1194	83	20,1	136,3	5,7	186	740	51	12,4	84,4	3,5	185	738	51	12,4	84,8	3,5
Kartoffeln	1040	935	22	2,1	204,8	10,4	1018	916	22	2,0	199,4	10,2	—	—	—	—	—	—
Mykostin	223	—	—	—	—	—	305	—	—	—	—	—	183	—	—	—	—	—
Trockenhefe	75	270	40	3,0	17,3	—	155	558	82	6,2	35,7	—	—	—	—	—	—	—
Futterkalk	—	—	—	—	—	—	—	—	—	—	—	—	—	—	—	—	—	—
Bierhefe	24	21	3	0,2	1,2	—	—	—	—	—	—	—	138	122	20	11,0	7,7	—
Vit. D-Präparat	Spuren	—	—	—	—	—	—	—	—	—	—	—	—	—	—	—	—	—
Zucker	—	—	—	—	—	—	—	—	—	—	—	—	—	—	—	—	—	—
Insgesamt	19617	20978	2406	316,3	1823,-	130,1	24059	21941	3305	323,7	1471,4	62,4	18378	18819	2786	380,4	888,2	56,9
Ø pro Tag	321,5	343,9	39,4	5,2	29,9	2,1	394,4	359,6	54,1	5,3	24	,11,0	301,2	308,5	45,6	6,2	14,5	0,9

Gruppe 4. Tierfütterung Nerze

Futtermittel	1951						1952						1953					
	g	Kal.	Protein	Fett	N-freie Extraktstoffe	Rohfaser	g	Kal.	Protein	Fett	N-freie Extraktstoffe	Rohfaser	g	Kal.	Protein	Fett	N-freie Extraktstoffe	Rohfaser
Fleisch m. Knochen	9466	11000	1990	274,5	47,3	—	12298	14130	2641	356,4	61,4	—	17250	20010	3712	500,2	86,3	—
Fleisch gekocht	311	349	67	6,5	1,2	—	33	32	7	0,7	0,1	—	—	—	—	—	—	—
Köpfe	179	205	37	5,7	0,7	—	—	—	—	—	—	—	220	246	45	7,0	0,9	—
Innereien	4723	3305	662	61,4	—	—	6657	4657	932	86,5	—	—	4108	2875	576	53,4	—	—
Blut frisch	1215	923	220	2,4	—	—	820	623	148	1,6	—	—	985	748	178	2,0	—	—
Blut gekocht	292	189	53	0,6	—	—	71	45	13	1,4	—	—	—	—	—	—	—	—
Futterfische	2371	1970	435	36,0	—	—	2910	2415	495	43,7	—	—	1212	1006	206	18,2	—	—
Fischinnereien	3236	1295	262	35,6	—	—	1946	778	158	19,5	—	—	934	374	76	10,3	—	—
Dorschköpfe	525	368	82	3,1	—	—	862	604	135	5,2	—	—	—	—	—	—	—	—
Milch voll	128	88	4	4,1	6,0	—	809	558	28	25,9	38,0	—	1430	986	50	45,8	67,1	—
Milch mager	111	41	4	0,2	5,1	—	58	21	2	0,1	2,7	—	—	—	—	—	—	—
Molkeeiweiß	1375	2200	454	20,6	34,4	—	219	350	72	3,3	5,0	—	—	—	—	—	—	—
Eier (g)	57	96	7	6,9	0,3	—	1	2	—	0,1	—	—	—	—	—	—	—	—
Gemengebrei	2434	2985	105	30,8	538,7	34,9	4955	6081	215	62,8	1099,0	71,1	7585	9300	329	96,0	1680,1	108,7
Gerstenschrotbrei	1161	1370	37	3,4	290,0	3,1	2135	2521	68	6,4	533,9	5,7	160	188	5	0,5	39,8	0,4
Weizennachmehlbrei	4483	5540	242	41,8	860,0	83,6	—	—	—	—	—	—	—	—	—	—	—	—
Haferflockenbrei	190	243	10	5,1	41,2	3,2	570	731	30	15,4	124,1	9,5	—	—	—	—	—	—
Kleie	—	—	—	—	—	—	—	—	—	—	—	—	294	1040	44	14,1	160,1	21,1
Gemüse	554	252	12	1,2	49,1	6,1	1317	575	28	2,8	112,1	14,0	4352	1785	87	8,7	438,0	43,5
Sellerie	20	4	—	0,1	2,0	0,4	—	—	—	—	—	—	—	—	—	—	—	—
Mohrrüben	1178	530	14	3,5	107,1	20,0	918	413	11	2,8	83,4	15,6	185	83	2	0,6	16,8	3,1
Zwiebel	60	—	—	—	—	—	84	—	—	—	—	—	—	—	—	—	—	—
Silokohl	1008	373	19	4,0	64,5	25,2	—	—	—	—	—	—	—	—	—	—	—	—
Keimfutter	15	60	4	1,0	1,6	0,3	275	1097	76	18,4	124,8	5,2	—	—	—	—	—	—
Kartoffeln	3082	2771	65	6,2	604,2	30,8	2455	2210	52	4,9	481,2	24,6	156	140	3	0,3	30,6	1,6
Mykostin	329	—	—	—	—	—	569	—	—	—	—	—	534	—	—	—	—	—
Trockenhefe	255	918	135	10,2	58,9	—	71	255	38	2,8	16,4	—	182	655	96	7,3	42,0	—
Futterkalk	34	—	—	—	—	—	29	—	—	—	—	—	74	—	—	—	—	—
Bierhefe	—	—	—	—	—	—	—	—	—	—	—	—	—	—	—	—	—	—
Vit. D-Präparat	—	—	—	—	—	—	—	—	—	—	—	—	—	—	—	—	—	—
Zucker	—	—	—	—	—	—	—	—	—	—	—	—	—	—	—	—	—	—
Insgesamt	38792	38073	4720	565,2	2717,5	207,6	40074	38098	5149	660,7	2192,7	145,7	39661	39436	5409	754,4	2561,7	178,4
Ø pro Tag	217,9	206,3	25,6	3,1	14,7	1,1	225,1	207,0	27,9	3,5	11,8	0,7	222,8	214,3	29,4	4,1	13,9	0,9

Gruppe 5. Tierfütterung Nerze

Futtermittel	1951 g	1951 Kal.	1951 Protein	1951 Fett	1951 N-freie Extrakt-stoffe	1951 Roh-faser	1952 g	1952 Kal.	1952 Protein	1952 Fett	1952 N-freie Extrakt-stoffe	1952 Roh-faser	1953 g	1953 Kal.	1953 Protein	1953 Fett	1953 N-freie Extrakt-stoffe	1953 Roh-faser
Fleisch m. Knochen	8482	9840	1825	241,1	42,4	—	8973	10410	1930	260,2	44,9	—	9402	10900	2021	272,8	47,0	—
Fleisch gekocht	—	—	—	—	—	—	—	—	—	—	—	—	—	—	—	—	—	—
Köpfe	213	238	44	6,8	0,9	—	94	105	19	3,0	0,4	—	—	—	—	—	—	—
Innereien	4286	3000	600	55,7	—	—	3831	2681	537	49,7	—	—	5211	3645	730	67,8	—	—
Blut, frisch	206	156	37	0,4	—	—	572	586	140	1,5	—	—	365	277	66	0,7	—	—
Blut, gekocht	—	—	—	—	—	—	154	98	28	0,3	—	—	—	—	—	—	—	—
Futterfische	250	207	42	3,7	—	—	50	41	9	0,7	—	—	1640	1360	279	24,6	—	—
Fischinnereien	—	—	—	—	—	—	171	68	14	1,9	—	—	—	—	—	—	—	—
Dorschköpfe	1320	924	206	7,9	—	—	160	112	25	0,1	—	—	—	—	—	—	—	—
Milch, voll	—	—	—	—	—	—	370	269	14	12,5	18,3	—	644	444	23	20,6	30,3	—
Milch, mager	255	94	9	0,5	11,7	—	—	—	—	—	—	—	—	—	—	—	—	—
Molkeeiweiß	—	—	—	—	—	—	370	592	122	5,5	9,2	—	—	—	—	—	—	—
Eier (g)	1,6	2	—	—	—	—	—	—	—	—	—	—	—	—	—	—	—	—
Gemengebrei	1575	1931	68	19,9	349,0	22,6	1359	1667	59	17,2	301,1	19,5	2105	2581	91	26,7	466,5	30,2
Gerstenschrotbrei	298	350	2	0,9	74,2	0,8	86	103	3	0,3	21,7	0,2	—	—	—	—	—	—
Weizennachmehlbrei	954	1180	51	8,9	183,1	17,8	1055	1305	57	9,9	191,5	19,7	—	—	—	—	—	—
Haferflockenbrei	373	478	19	11,0	81,1	6,2	46	58	2	1,2	9,8	0,7	—	—	—	—	—	—
Kleie	—	—	—	—	—	—	—	—	—	—	—	—	—	—	—	—	—	—
Gemüse	765	368	18	1,8	71,8	—	139	57	3	0,3	11,1	1,4	254	125	6	0,6	24,3	3,0
Sellerie	—	—	—	—	—	—	—	—	—	—	—	—	171	36	2	0,5	16,8	3,2
Mohrrüben	548	247	7	1,6	49,8	9,3	630	284	8	1,9	57,4	10,7	319	143	4	1,0	29,0	5,4
Zwiebel	133	—	—	—	—	—	—	—	—	—	—	—	50	—	—	—	—	—
Silokohl	40	15	1	0,2	2,6	1,0	340	126	6	1,4	21,7	8,5	—	—	—	—	—	—
Keimfutter	278	1104	77	18,5	126,3	5,3	30	120	8	2,1	13,6	0,6	354	1412	98	23,7	160,5	6,7
Kartoffeln	873	786	18	1,7	171,1	8,7	659	503	12	1,1	109,6	5,6	389	350	8	0,8	76,1	3,9
Mykostin	311	—	—	—	—	—	245	—	—	—	—	—	312	—	—	—	—	—
Trockenhefe	140	520	74	5,6	32,4	—	159	572	84	6,4	36,7	—	86	309	46	3,4	19,9	—
Futterkalk	—	—	—	—	—	—	32	—	—	—	—	—	—	—	—	—	—	—
Bierhefe	36	32	5	0,3	2,1	—	35	31	5	0,3	1,9	—	132	117	19	1,0	7,4	—
Vit. D-Präparat	—	—	—	—	—	—	—	—	—	—	—	—	—	—	—	—	—	—
Zucker	—	—	—	—	—	—	—	—	—	—	—	—	—	—	—	—	—	—
Insgesamt	21337,6	21472	3110	385,6	1198,5	80,7	19580	19808	3085	367,5	848,9	66,9	21434	21699	3393	344,2	857,8	52,4
Ø pro Tag	190,5	191,7	27,9	3,4	10,7	0,7	174,8	171,5	27,5	3,2	7,5	0,6	191,3	193,7	30,3	3,1	7,6	0,4

Gruppe 6. Tierfütterung Nerze

Futtermittel	1951 g	1951 Kal.	1951 Protein	1951 Fett	1951 N-freie Extrakt-stoffe	1951 Roh-faser	1952 g	1952 Kal.	1952 Protein	1952 Fett	1952 N-freie Extrakt-stoffe	1952 Roh-faser	1953 g	1953 Kal.	1953 Protein	1953 Fett	1953 N-freie Extrakt-stoffe	1953 Roh-faser
Fleisch m. Knochen	15402	17850	3310	446,5	74,0	—	18443	21400	534,2	3970	92,2	—	20231	23460	4350	586,5	101,2	—
Fleisch, gekocht	1131	1104	242	24,9	4,5	—	43	42	9	0,9	0,2	—	—	—	—	—	—	—
Köpfe	549	614	193	17,6	2,2	—	50	56	10	1,6	0,2	—	220	246	45	7,0	0,9	—
Innereien	6770	4725	948	88,0	—	—	9946	6960	1392	129,4	—	—	8690	6080	1216	113,0	—	—
Blut, frisch	1747	1325	316	3,5	—	—	1465	1112	265	2,9	—	—	1614	1225	292	3,2	—	—
Blut, gekocht	292	187	53	0,6	—	—	104	66	19	0,2	—	—	—	—	—	—	—	—
Futterfische	2921	2422	497	43,8	—	—	3130	2595	532	46,9	—	—	1930	1600	328	28,9	—	—
Fischinnereien	3436	1375	478	37,8	—	—	2166	866	175	23,8	—	—	934	374	76	10,3	—	—
Dorschköpfe	945	662	148	5,7	—	—	1242	869	194	7,4	—	—	—	—	—	—	—	—
Milch, voll	158	109	6	5,0	7,4	—	1253	865	44	40,1	59,0	—	2112	1455	74	67,6	99,4	—
Milch, mager	111	41	4	0,2	5,1	—	68	25	2	0,1	3,1	—	—	—	—	—	—	—
Molkeeiweiß	1375	2200	454	20,5	34,4	—	751	1202	248	11,3	11,8	—	—	—	—	—	—	—
Eier (g)	57	96	7	6,9	0,3	—	1	2	—	—	—	—	—	—	—	—	—	—
Gemengebrei	2476	3035	106	31,3	548,0	35,4	5545	6800	240	70,2	1226,0	79,4	10420	12780	452	132,0	2310,0	149,5
Gerstenschrotbrei	1648	1945	52	4,9	412,0	4,4	4228	4986	134	12,7	1056,0	11,2	160	188	5	0,5	39,7	0,4
Weizennachmehlbrei	6098	7550	330	57,0	1171,0	113,9	519	642	28	4,8	99,6	9,7	—	—	—	—	—	—
Haferflockenbrei	691	885	36	18,6	150,3	11,5	620	796	33	16,8	135,3	10,3	—	—	—	—	—	—
Kleie	—	—	—	—	—	—	66	233	10	3,2	36,0	4,7	294	1036	44	14,1	160,4	21,2
Gemüse	883	387	19	1,9	75,4	9,4	2459	1043	51	5,1	203,5	25,4	8639	3540	173	17,3	690,5	86,4
Sellerie	—	—	—	—	—	—	—	—	—	—	—	—	—	—	—	—	—	—
Mohrrüben	1668	750	20	5,0	151,6	28,3	926	416	11	2,8	84,1	15,7	185	83	2	0,6	16,8	3,1
Zwiebel	60	—	—	—	—	—	84	—	—	—	—	—	—	—	—	—	—	—
Silokohl	1008	372	19	40,3	64,4	25,2	125	46	2	0,5	8,0	3,1	—	—	—	—	—	—
Keimfutter	505	2015	140	33,8	229,3	9,6	707	3055	212	51,4	347,0	14,6	195	778	54	13,1	88,4	3,7
Kartoffeln	4065	3655	85	8,1	746,2	40,6	3090	2780	65	6,2	606,0	30,9	156	140	3	0,3	30,5	1,6
Mykostin	458	—	—	—	—	—	804	—	—	—	—	—	969	—	—	—	—	—
Trockenhefe	303	1091	161	12,1	70,0	—	201	724	107	8,0	46,4	—	244	878	129	9,8	56,4	—
Futterkalk	34	—	—	—	—	—	62	—	—	—	—	—	74	—	—	—	—	—
Bierhefe	42	37	6	0,3	2,4	—	12	11	2	0,1	0,7	—	—	—	—	—	—	—
Vit. D-Präparat	—	—	—	—	—	—	—	—	—	—	—	—	—	—	—	—	—	—
Zucker	—	—	—	—	—	—	—	—	—	—	—	—	—	—	—	—	—	—
Insgesamt	54843	54452	7560	914,4	3801,5	278,3	58170	57592	7755	980,6	4022,1	205,0	56667	49893	7243	1004,2	3594,2	265,9
Ø pro Tag	216,7	211,2	29,8	3,5	15,0	1,1	229,9	227,6	30,6	3,8	15,8	0,8	223,9	197,2	28,6	3,9	14,2	1,0

Gruppe 7. Tierfütterung Nerze

Futtermittel	1951 g	Kal.	Protein	Fett	N-freie Extrakt-stoffe	Roh-faser	1952 g	Kal.	Protein	Fett	N-freie Extrakt-stoffe	Roh-faser	1953 g	Kal.	Protein	Fett	N-freie Extrakt-stoffe	Roh-faser
Fleisch m. Knochen	9584	11240	2830	281,0	48,4	—	11543	13398	2481	335,0	57,7	—	16319	19000	3510	473,1	81,6	—
Fleisch gekocht	377	369	86	8,3	1,5	—	33	32	7	0,7	0,1	—	—	—	—	—	—	—
Köpfe	254	284	52	8,1	1,0	—	—	—	—	—	—	—	80	90	16	2,6	0,3	—
Innereien	4474	3130	922	58,2	—	—	5927	4145	830	77,1	—	—	3510	2455	491	45,6	—	—
Blut, frisch	1241	943	225	2,5	—	—	855	649	155	1,7	—	—	760	577	138	1,5	—	—
Blut, gekocht	307	197	55	0,6	—	—	70	45	13	0,1	—	—	—	—	—	—	—	—
Futterfische	2050	1700	349	30,7	—	—	1800	1494	306	27,0	—	—	1146	952	195	17,2	—	—
Fischinnereien	1968	786	159	21,6	—	—	2409	964	195	24,1	—	—	—	—	—	—	—	—
Dorschköpfe	524	366	82	3,1	—	—	330	231	51	2,0	—	—	—	—	—	—	—	—
Milch, voll	309	213	11	9,9	14,5	—	825	569	29	26,4	38,8	—	1885	1300	66	60,3	88,5	—
Milch, mager	133	49	5	0,3	6,1	—	62	23	2	0,1	2,8	—	—	—	—	—	—	—
Molkeeiweiß	1335	2137	441	20,0	33,4	—	160	256	53	2,4	4,0	—	—	—	—	—	—	—
Eier (g)	99	168	12	12,1	0,6	—	1	2	—	—	—	—	—	—	—	—	—	—
Gemengebrei	2458	3011	107	31,1	544,0	35,2	4996	6123	216	63,3	1106,0	71,6	6754	8290	270	85,6	1455,0	96,8
Gerstenschrotbrei	803	950	25	2,4	201,0	2,1	1865	221	59	5,6	466,0	5,0	160	188	5	0,5	39,7	0,4
Weizennachmehlbrei	4308	5330	216	40,2	784,1	80,4	—	—	—	—	—	—	—	—	—	—	—	—
Haferflockenbrei	214	273	11	5,7	46,4	3,6	502	642	26	13,5	109,1	8,3	—	—	—	—	—	—
Kleie	—	—	—	—	—	—	—	—	—	—	—	—	366	1291	55	17,6	199,5	26,4
Gemüse	414	194	9	0,9	37,5	4,7	1089	478	23	2,3	93,2	11,7	3456	1415	69	6,9	276,1	34,5
Sellerie	20	4	—	0,1	2,0	0,4	—	—	—	—	—	—	—	—	—	—	—	—
Mohrrüben	1365	615	16	4,1	124,2	23,2	1016	457	12	3,1	92,5	14,3	560	252	7	1,7	50,9	9,5
Zwiebel	60	—	—	—	—	—	77	—	—	—	—	—	—	—	—	—	—	—
Silokohl	1011	334	19	4,0	64,7	25,3	—	—	—	—	—	—	—	—	—	—	—	—
Keimfutter	—	—	—	—	—	—	265	1056	73	17,7	120,1	5,4	—	—	—	—	—	—
Kartoffeln	3215	2895	68	6,4	630,8	32,1	2260	2031	47	4,5	443,0	22,6	312	281	7	0,6	60,8	3,1
Mykostin	420	—	—	—	—	—	606	—	—	—	—	—	463	—	—	—	—	—
Trockenhefe	242	872	128	9,7	55,9	—	100	360	53	4,0	23,1	—	118	424	62	4,7	27,2	—
Futterkalk	28	—	—	—	—	—	43	—	—	—	—	—	51	—	—	—	—	—
Bierhefe	6	5	1	—	—	—	24	21	3	0,2	1,3	—	40	36	6	0,3	2,2	—
Vit. D-Präparat	—	—	—	—	—	—	—	—	—	—	—	—	—	—	—	—	—	—
Zucker	—	—	—	—	—	—	—	—	—	—	—	—	—	—	—	—	—	—
Insgesamt	37218	36105	5829	561,0	2596,5	207,0	36858	33197	4634	610,8	2557,7	141,9	35980	37452	4897	718,2	2282,1	170,7
Ø pro Tag	209,0	202,8	32,7	3,1	14,6	1,2	207,0	186,4	26,1	3,4	14,4	0,8	202,1	210,2	27,5	4,0	12,8	1,0

Preisanordnung Nr. 559.

— Anordnung über Preise und Gütebestimmungen für tierische Rohstoffe —

Vom 15. Dezember 1955 Gbl. Teil 1. Nr. 112. Anlage 3

Preise, Güte- und Abnahmevorschriften für Edelpelztierfelle aus Zuchtfarmen

Silber-, Blau- und Platinfüchse

Preis in DM je Stück

Güteklasse	Abliefererpreis	Verarbeiterhöchstpreis	Abnahme und Gütevorschriften
I	451,—	475,—	beste Qualität, vollrauch, dichtwollig, weißledrig, gedecktes Grannenhaar
II	380,—	400,—	gute Qualität, vollrauch, dichtwollig, weißledrig, gedecktes Grannenhaar
III	304,—	320,—	leichter in Qualität als Güteklasse II, weißledrig, vollrauch, dichtwollig und grünledrig, gedecktes Grannenhaar
IV	190,—	200,—	Halbwuchs, grünledrig, schütter
V	119,—	125,—	Viertelwuchs, grünledrig, leichte Unterwolle, gedecktes Grannenhaar
VI	19,—	20,—	Schwarten (Sommerfelle)
VII	1,90	2,—	Mäuschen, Felle von Jungtieren

Abschläge

1. Farbe: Silberfuchs	Blaufuchs	Platinfuchs	%
dunkel	dunkel	hellblau	—
bräunlich	gutfarbig	mittelfarbig	10
Stark braun	mittelfarbig	dunkel	20
rötlich	braun	Bastard	25
stark rot	mißfarbig	mißfarbig	50

2. Silber: betr.: Silberfuchs: ¾ — %
¹/₁ — 5%
½ —10%
¼ —25% einschließlich Kreidesilber
— —33⅓% ohne Silber

3. Größe: über 75 cm — %
von 70 bis 74 cm — 5%
unter 70 cm —15%

4. Beschädigungen:

leicht beschädigt, gleich welcher Größe und Silberung, Beschädigungen, die das Fell bei Zurichtung und Bearbeitung nicht stark beeinträchtigen	5%
mittel beschädigt, größere beschädigte Stellen an Nacken und Rumpf, rückenbeschädigt	15%
stark beschädigt, wo Fellteile noch verwertbar, jedoch nur aus Halbwuchs und Fellen der Güteklassen I bis III bestehend	30%
sehr stark beschädigte Felle, Untersorten, Schuß	50%

Nerze

Preis in DM je Stück

Güte-klasse	Ablieferer-preis	Verarbeiter-höchstpreis	Abnahme- und Gütevorschriften
I	197,—	206,—	prima, vollrauch, dichtwollig, weißledrig, dunkelfarbig, gedecktes Grannenhaar, extra große ab 55 cm
I	177,30	185,40	prima, vollrauch, dichtwollig, weißledrig, dunkelfarbig, gedecktes Grannenhaar, große 47—54 cm
I	157,60	164,80	prima, vollrauch, dichtwollig, weißledrig, dunkelfarbig, gedecktes Grannenhaar, mittel 40—46 cm
I	98,50	103,—	prima, vollrauch, dichtwollig, weißledrig, dunkelfarbig, gedecktes Grannenhaar, kleine unter 40 cm
II	150,80	157,60	Übergang, leichter in Qualität als Güteklasse I, grünledrig, dunkelfarbig, mittel
II	134,—	140,10	Übergang, leichter in Qualität als Güteklasse I, grünledrig, dunkelfarbig, mittel 40—46 cm
II	83,70	87,55	Übergang, leichter in Qualität als Güteklasse I, grünledrig, dunkelfarbig, kleine unter 40 cm
III	98,50	103,—	Halbwuchs, gedrungen, grünledrig, gutfarbig, extra groß ab 55 cm
III	88,70	92,70	Halbwuchs, gedrungen, grünledrig, gutfarbig, groß 47—54 cm
III	78,80	82,40	Halbwuchs, gedrungen, grünledrig, gutfarbig, mittel 40—46 cm
III	49,30	51,50	Halbwuchs, gedrungen, grünledrig, gutfarbig, kleine unter 40 cm

Abschläge:

1. Farbe

dunkelfarbig	—% Abschlag
mittelfarbig	10% ,,
hell	20% ,,
mißfarbig	40% ,,

2. Beschädigung:

leicht beschädigt	10% Abschlag
mittel beschädigt	15% ,,
stark beschädigt	40% ,,

Schwarten (Sommerfelle)	DM je Stück
I gutfarbig	15,— bis 35,—
I mittelfarbig	10,— bis 25,—
II	6,— bis 12,—
III	3,— bis 8,—
Mäuschen und Schuß	3,— je Stück

Alter und Pelzqualität

Silberfuchsfähen in Schuppenhaltung

TABELLE 1

Alter	Preisstufe	Häufigkeit	%
1jährig	II	2	2,7
	III	4	5,4
	IV	10	13,6
	V	24	32,4
	VI	28	37,8
	VII	4	5,4
	VIII	2	2,7
	IX	0	0,0
Variantenzahl =		74	100,0

M = 5,24 ± 1,163

TABELLE 2

Alter	Preisstufe	Häufigkeit	%
2jährig	II	1	1,4
	III	1	1,4
	IV	5	7,1
	V	24	33,8
	VI	25	35,3
	VII	4	5,6
	VIII	6	8,4
	IX	3	4,2
	X	2	2,8
Variantenzahl =		71	100,0

M = 5,88 ± 1,480

TABELLE 3

Alter	Preisstufe	Häufigkeit	%
3jährig	II	1	2,4
	III	1	2,4
	IV	3	7,2
	V	8	19,0
	VI	23	54,7
	VII	5	11,9
	VIII	1	2,4
	IX	0	0,0
	X	0	0,0
Variantenzahl =		42	100,0

M = 5,66 ± 1,091

TABELLE 4

Alter	Preisstufe	Häufigkeit	%
4jährig	II	0	0,0
	III	2	8,3
	IV	4	16,7
	V	5	20,8
	VI	6	25,0
	VII	4	16,7
	VIII	2	8,3
	IX	1	4,2
Variantenzahl =		24	100,0

M = 5,62 ± 1,720

TABELLE 5

Alter	Preisstufe	Häufigkeit	%
5jährig	IV	1	5,5
	V	5	27,6
	VI	8	44,5
	VIII	2	11,2
	VIII	2	11,2
Variantenzahl =		18	100,0

M = 5,94 ± 1,059

TABELLE 6

Alter	Preisstufe	Häufigkeit	%
6jährig	IV	1	4,8
	V	3	14,4
	VI	10	47,2
	VII	4	19,2
	VIII	3	14,4
Variantenzahl =		21	100 0

M = 6,38 ± 0,637

TABELLE 7

Alter	Preisstufe	Häufigkeit	%
7jährig	IV	0	0,0
	V	4	33,3
	VI	6	50,0
	VII	2	16,7
	VIII	0	0,0
	IX	0	0,0
	X	0	0,0
Variantenzahl =		12	100,0

M = 5,83 ± 0,73

TABELLE 8

Alter	Preisstufe	Häufigkeit	%
8jährig	IV	2	15,4
	V	3	23,1
	VI	4	30,7
	VII	2	15,4
	VIII	1	7,7
	IX	1	7,7
	X	0	0,0
Variantenzahl =		13	100,0

M = 6,00 ± 1,470

Alter und Pelzqualität

Platinfähen in Schuppenhaltung

TABELLE 9

Alter	Preisstufe	Häufigkeit	%
1jährig	IV	2	14,2
	V	4	28,6
	VI	4	28,6
	VII	4	28,6
Variantenzahl =		14	100,0

M = 5,71 ± 1,072

TABELLE 10

Alter	Preisstufe	Häufigkeit	%
2- und 3jährig	IV	0	0,0
	V	0	0,0
	VI	2	66,6
	VII	1	33,3
Variantenzahl =		3	99,9

M = 6,33 ± 0,707

Silberfuchsfähen in Gehegehaltung

TABELLE 11

Alter	Preisstufe	Häufigkeit	%
1jährig	I	1	0,1
	II	10	1,2
	III	33	3,7
	IV	128	14,7
	V	396	45,3
	VI	210	24,1
	VII	58	6,6
	VIII	23	2,7
	IX	13	1,5
	X	1	0,1
Variantenzahl =		873	100,0

M = 5,25 ± 1,168

TABELLE 12

Alter	Preisstufe	Häufigkeit	%
2jährig	I	0	0,0
	II	2	8,0
	III	0	0,0
	IV	2	8,0
	V	13	52,0
	VI	8	32,0
	VII	0	0,0
	VIII	0	0,0
	IX	0	0,0
	X	0	0,0
Variantenzahl =		25	100,0

M = 5,00 ± 1,082

TABELLE 13

Alter	Preisstufe	Häufigkeit	%
3jährig	II	1	3,3
	III	4	13,4
	IV	9	30,0
	V	11	36,7
	VI	3	10,0
	VII	1	3,3
	VIII	0	0,0
	IX	1	3,3
Variantenzahl =		30	100,0

M = 4,63 ± 1,350

TABELLE 14

Alter	Preisstufe	Häufigkeit	%
4jährig	II	1	7,7
	III	1	7,7
	IV	1	7,7
	V	8	61,5
	VI	0	0,0
	VII	1	7,7
	VIII	0	0,0
	IX	1	7,7
Variantenzahl =		13	100,0

M = 5,00 ± 1,682

TABELLE 15

Alter	Preisstufe	Häufigkeit	%
5jährig	II	0	0,0
	III	0	0,0
	IV	0	0,0
	V	7	58,3
	VI	4	33,3
	VII	0	0,0
	VIII	0	0,0
	IX	1	8,4
	X	0	0,0
Variantenzahl =		12	100,0

M = 5,66 ± 1,168

TABELLE 16

Alter	Preisstufe	Häufigkeit	%
6jährig	II	0	0,0
	III	1	4,8
	IV	3	14,3
	V	10	47,7
	VI	4	19,0
	VII	2	9,4
	VIII	1	4,8
	IX	0	0,0
	X	0	0,0
Varientenzahl =		21	100,0

M = 5,28 ± 1,162

Alter und Pelzqualität

Silberfuchsfähen in Gehegehaltung

TABELLE 17

Alter	Preisstufe	Häufigkeit	%
7jährig	IV	0	0,0
	V	6	66,6
	VI	3	33,3
Variantenzahl =		9	99,9

M = 5,35 ± 0,50

TABELLE 18

Alter	Preisstufe	Häufigkeit	%
8jährig	IV	1	8,3
	V	5	41,7
	VI	6	50,0
Variantenzahl =		12	100,0

M = 5,41 ± 0,794

Platinfähen in Gehegehaltung

TABELLE 19

Alter	Preisstufe	Häufigkeit	%
1jährig	II	0	0,0
	III	4	5,9
	IV	8	11,6
	V	26	38,3
	VI	23	33,8
	VII	4	5,9
	VIII	2	2,9
	IX	1	1,6
Variantenzahl =		68	100,0

M = 5,37 ± 1,00

TABELLE 20

Alter	Preisstufe	Häufigkeit	%
2- und 3jährig	II	1	50,0
	III	0	0,0
	IV	0	0,0
	V	1	50,0
	VI	0	0,0
	VII	0	0,0
	VIII	0	0,0
	IX	0	0,0
Variantenzahl =		2	100,0

M = 3,50 ± 2,236

Silberfuchsrüden in Schuppenhaltung

TABELLE 21

Alter	Preisstufe	Häufigkeit	%
1jährig	III	5	1,5
	IV	13	3,8
	V	69	20,2
	VI	110	32,2
	VII	75	21,9
	VIII	58	16,9
	IX	11	3,2
	X	1	0,3
Variantenzahl =		342	100,0

M = 6,34 ± 1,254

TABELLE 22

Alter	Preisstufe	Häufigkeit	%
2jährig	III	0	0,0
	IV	1	5,8
	V	0	0,0
	VI	4	23,6
	VII	7	41,2
	VIII	4	23,6
	IX	0	0,0
	X	1	5,8
Variantenzahl =		17	100,0

M = 7,00 ± 1,306

TABELLE 23

Alter	Preisstufe	Häufigkeit	%
3jährig	III	0	0,0
	IV	0	0,0
	V	1	7,7
	VI	8	61,5
	VII	1	7,7
	VIII	2	15,4
	IX	1	7,7
	X	0	0,0
Variantenzahl =		13	100,0

M = 6,53 ± 1,154

TABELLE 24

Alter	Preisstufe	Häufigkeit	%
4- und 5jährig	III	0	0,0
	IV	1	7,7
	V	1	7,7
	VI	2	15,4
	VII	4	30,7
	VIII	3	23,1
	IX	1	7,7
	X	1	7,7
Variantenzahl =		13	100,0

M = 7,07 ± 1,620

Alter und Pelzqualität

Platinrüden in Schuppenhaltung

TABELLE 25

Alter	Preisstufe	Häufigkeit	%
1jährig	IV	1	4,8
	V	5	23,8
	VI	8	38,0
	VII	6	28,6
	VIII	1	4,8
	IX	0	0,0
	X	0	0,0
Variantenzahl =		21	100,0

M = 6,04 ± 0,975

TABELLE 26

Alter	Preisstufe	Häufigkeit	%
3- und 4jährig	IV	0	0,0
	V	1	33,3
	VI	0	0,0
	VII	0	0,0
	VIII	1	33,3
	IX	0	0,0
	X	1	33,3
Variantenzahl =		3	99,9

M = 7,60 ± 2,550

Silberfuchsrüden in Gehegehaltung

TABELLE 27

Alter	Preisstufe	Häufigkeit	%
1jährig	II	7	0,6
	III	10	0,8
	IV	56	4,7
	V	254	21,1
	VI	420	34,7
	VII	240	19,9
	VIII	123	10,3
	IX	83	6,8
	X	14	1,2
Variantenzahl =		1207	100,0

M = 6,30 ± 1,387

TABELLE 28

Alter	Preisstufe	Häufigkeit	%
2jährig	II	0	0,0
	III	0	0,0
	IV	1	5,2
	V	1	5,2
	VI	6	31,7
	VII	3	15,8
	VIII	7	36,9
	IX	1	5,2
	X	0	0,0
Variantenzahl =		19	100,0

M = 6,89 ± 1,290

TABELLE 29

Alter	Preisstufe	Häufigkeit	%
3jährig	IV	0	0,0
	V	1	8,4
	VI	4	33,3
	VII	3	24,9
	VIII	2	16,7
	IX	2	16,7
Variantenzahl =		12	100,0

M = 7,00 ± 1,278

TABELLE 30

Alter	Preisstufe	Häufigkeit	%
4jährig	IV	0	0,0
	V	0	0,0
	VI	0	0,0
	VII	1	33,3
	VIII	1	33,3
	IX	1	33,3
Variantenzahl =		3	99,9

M = 8,00 ± 1,00

Platinrüden in Gehegehaltung

TABELLE 31

Alter	Preisstufe	Häufigkeit	%
1 jährig	III	1	1,3
	IV	9	11,8
	V	18	23,6
	VI	34	44,7
	VII	7	9,2
	VIII	6	8,0
	IX	1	1,3
Variantenzahl =		76	99,9

M = 5,78 ± 0,788

TABELLE 32

Alter	Preisstufe	Häufigkeit	%
2- und 3 jährig	III	0	0,0
	IV	0	0,0
	V	0	0,0
	VI	1	33,3
	VII	2	66,6
	VIII	0	0,0
	IX	0	0,0
Variantenzahl =		3	99,9

M = 6,67 ± 0,707

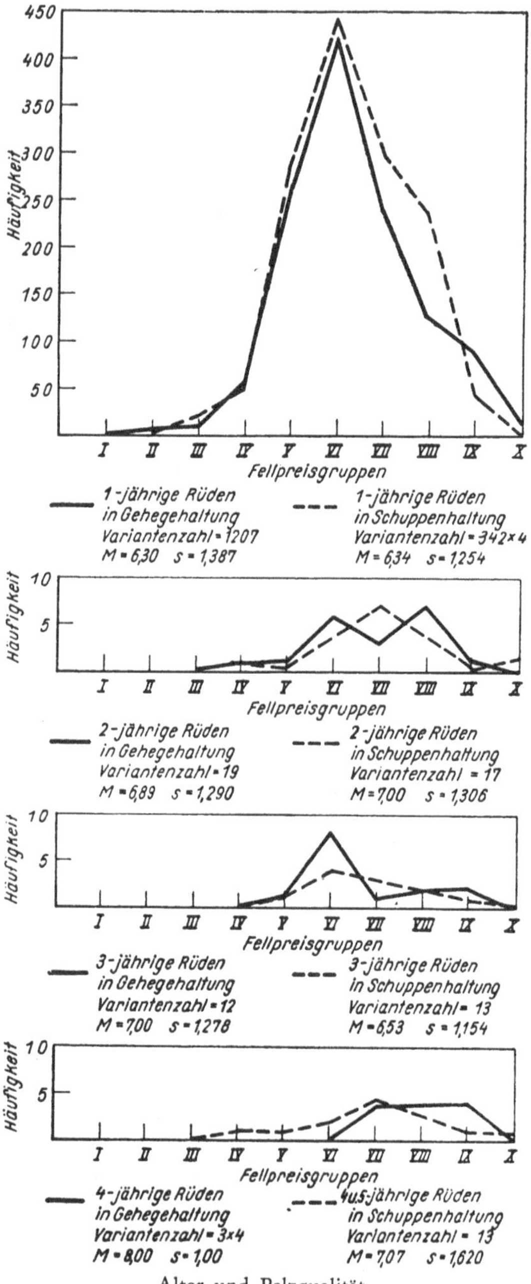

Alter und Pelzqualität.
Silberfuchsrüden in Gehege- u. Schuppenhaltung

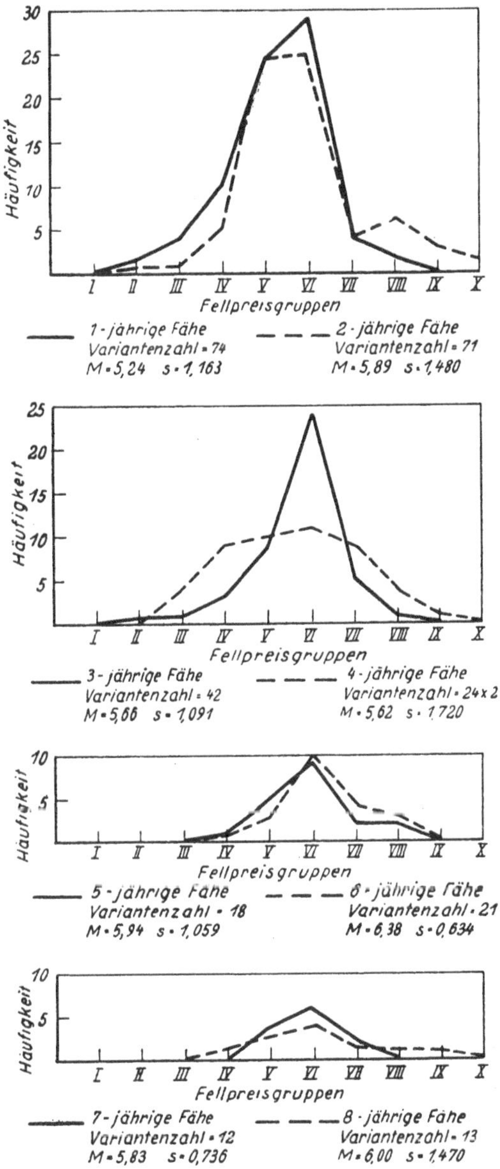

Alter und Pelzqualität.
Silberfuchsfähen in Schuppenhaltung

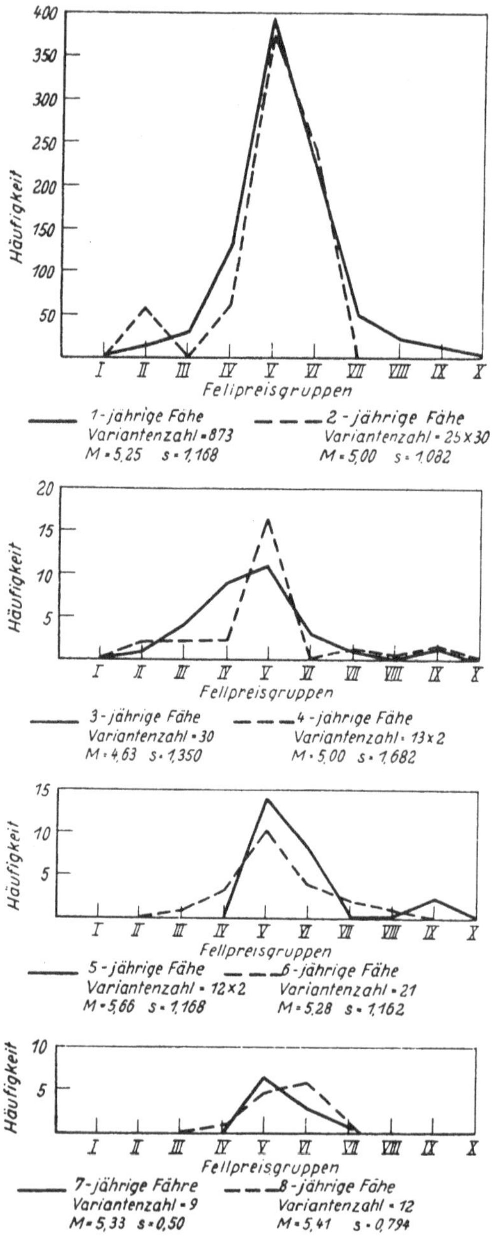

Alter und Pelzqualität.
Silberfuchsfähen in Gehegehaltung

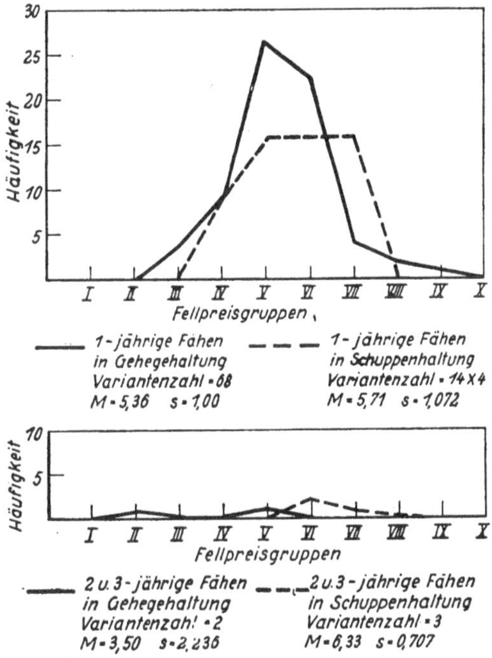

Alter und Pelzqualität.
Platinfähen in Schuppen- u. Gehegehaltung

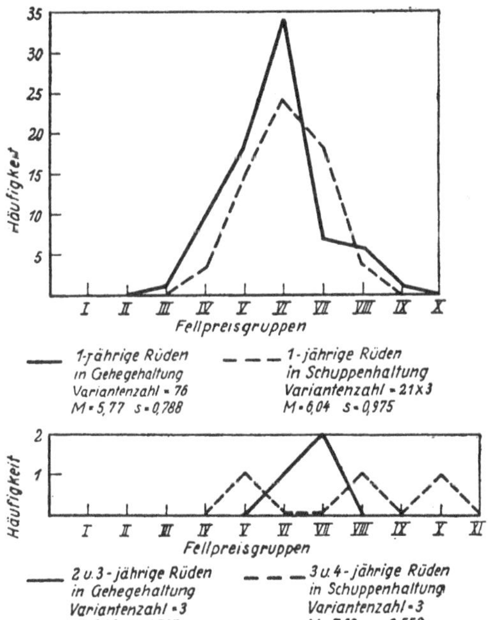

Alter und Pelzqualität.
Platinrüden in Schuppen- u. Gehegehaltung

Körung 1951
Fellnoten

Alter der Tiere	Var.-Zahl	8	9	10	11	12	13	14	15	16	17	18	19	20	21	22	23	24	Ø Note
½	3007	25	36	52	75	94	280	324	404	416	379	355	228	119	69	82	45	24	±3,330 15,95
1½	324	14	22	54	86	75	39	10	9	—	8	—	5	—	—	2	—	—	±5,618 11,58
2½	194	4	6	10	12	18	44	36	28	15	9	7	4	—	—	1	—	—	±2,467 13,63
3½	134	3	—	7	10	16	34	21	19	—	14	8	—	—	2	—	—	—	±2,428 13,73
4½	109	4	8	16	—	24	—	28	4	9	10	6	—	—	—	—	—	—	±3,110 13,00
5½	68	2	—	6	—	10	6	12	—	16	—	8	8	—	—	—	—	—	±2,914 14,62
6½	78	3	6	10	14	18	—	19	4	—	4	—	—	—	—	—	—	—	±2,157 12,08
7½	4	—	—	—	—	2	—	1	—	—	—	1	—	—	—	—	—	—	±3,050 11,50
8½	12	—	—	1	1	4	—	1	2	1	—	—	2	—	—	—	—	—	±2,967 13,91
	3930	55	78	156	198	261	403	452	470	457	424	385	247	119	71	85	45	24	±3,115 13,33

Körung 1952

Fellnoten

Alter der Tiere	Var.-Zahl	8	9	10	11	12	13	14	15	16	17	18	19	20	21	22	23	24	Ø Note
½	3256	38	54	62	96	104	117	386	439	452	401	366	283	115	114	98	76	55	±3,249 16,32
1½	282	6	12	17	28	37	39	35	29	28	19	12	5	6	5	4	—	—	±3,047 13,84
2½	265	5	4	14	15	44	34	26	35	28	22	16	5	4	8	2	3	—	±3,341 14,32
3½	116	3	5	12	14	24	16	18	10	6	5	5	4	4	—	—	—	—	±2,805 14,38
4½	68	2	3	9	13	9	10	12	4	2	2	1	1	—	—	—	—	—	±2,324 12,42
5½	70	1	1	6	9	14	10	11	8	6	1	2	—	1	—	—	—	—	±2,236 13,10
6½	45	—	—	2	1	6	11	7	5	5	4	3	—	1	—	—	—	—	±2,179 14,23
7½	41	—	1	—	3	5	6	9	8	4	3	2	—	—	—	—	—	—	±2,012 14,07
8½	3	—	—	—	—	1	—	2	—	—	—	—	—	—	—	—	—	—	±0,000 13,34
	4146	55	80	122	179	244	243	506	538	531	457	407	298	131	127	104	79	55	±2,355 14,00

Körung 1953

Fellnoten

Alter der Tiere	Var.-Zahl	8	9	10	11	12	13	14	15	16	17	18	19	20	21	22	23	24	Ø Note
½	2267	26	32	44	53	56	74	209	284	316	357	321	214	110	64	42	34	31	±3,032 16,45
1½	301	6	14	56	101	64	26	16	—	5	—	—	2	—	3	—	—	8	±2,950 11,78
2½	230	3	5	6	18	14	33	59	46	19	8	—	8	5	—	—	—	6	±3,450 14,24
3½	197	—	1	3	9	14	12	31	33	40	24	11	9	4	4	—	—	2	±3,933 15,33
4½	82	—	1	11	12	10	9	13	14	4	3	—	3	2	—	—	—	—	±1,816 13,31
5½	42	1	—	7	5	11	6	4	3	—	3	2	—	—	—	—	—	—	±2,296 12,64
6½	30	—	—	4	6	8	4	2	—	3	—	2	1	—	—	—	—	—	±2,518 12,83
7½	20	—	—	1	—	—	9	—	—	5	3	—	2	—	—	—	—	—	±2,426 14,80
8½	15	—	—	—	—	4	5	—	3	—	—	—	3	—	—	—	—	—	±0,374 14,33
	3184	36	53	132	204	181	178	334	383	392	398	336	242	121	71	42	34	47	±2,533 13,96

Fuchsfähe DEA 3/8243

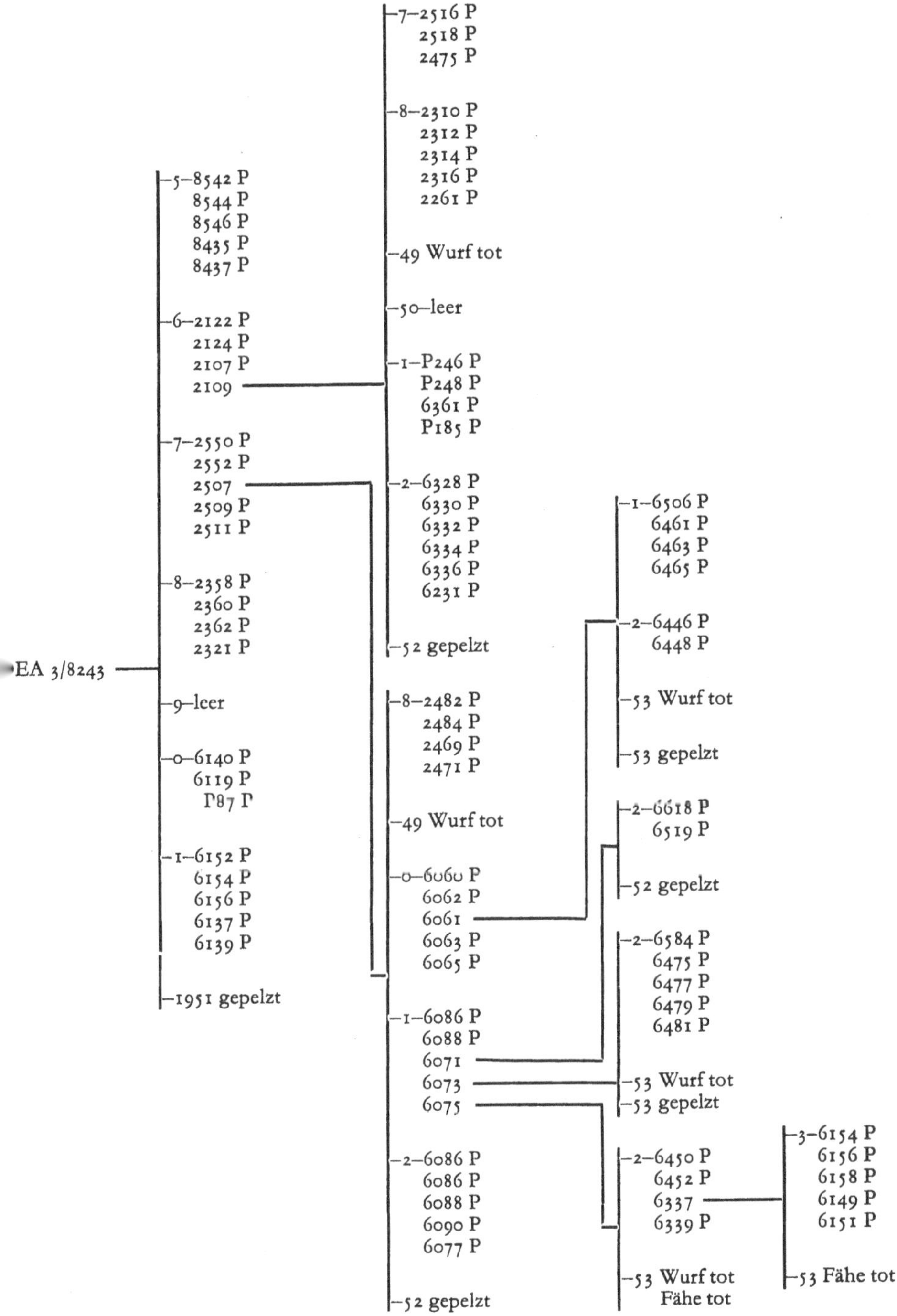

Fuchsfähe 43–415

43—415
- 4–754 P
  756 P
  645 P
  647
  - 5–3403 P
    3405 P
    3407
    - 6–3318 P
      3320 P
      3371 P
      3373
      - 47 leer gepelzt
      3375 P
    - 7–3432 P
      3434 P
      3436 P
      3391 P
    - 8–3334 12. 9. +
      3336 P
      3299 P
    - 49 verworfen
      Fähe tot
    3409 P
  - 6–3264
    3266 P
    3251 P
  - 7–5314 P
    5316 P
    5319
    - 8–3452 P
      3454 P
      3437 P
      3439
      - 49 Wurf tot
      - 0–3164 P
        3166 P
        3168 P
        3152 P
        3154 P
      - 50 gepelzt
    - 9–3008 P
      3010 P
      3007 P
    - 49 gepelzt
    5321
    - 8–5234 P
      5236 P
      5198 14. 6. +
      5200 P
      5202 P
    - 49 verworfen
    - 0–5306 P
      5308 P
      5287 P
      5289
      - 1–5226 P
        5228 P
        5201 4. 7. +
        5203 P
      - 2–5384 P
        5386 P
        5388 P
        5355 P
        5357 P
      - 3–5330 P
        5332 6. 7. +
        5311 P
        5313 2. 8. +
      - 53 Fähe tot
      5291 P
    - 50 gepelzt
  - 47 gepelzt
- 5–5202 P
  5204 P
  5206 P
  5193 P
- 6–3194 P
  3209 P
  3211 P
- 7–3716 P
  3718 P
  3615 P
  3617
  - 8–3456 P
    3458 2. 8. +
    3460 2. 8. +
    3441 P
    3443 P
  - 49 verworfen
  - 0–3112 P
    3114 P
    3121 P
    3123 P
  - 50 gepelzt
  3619 12. 9. +
- 8–3518 P
  3520 P
  3522 P
- 9–3174 P
  3225 P
  3227
  - 0–3294 P
    3296 24. 9. +
    3298 P
    3300 P
    3302 3. 6. +
    3213 P
  - 1–3434 P
    3436 P
    3349 P
    3351 P
    3353 P
  - 2–3464 P
    3466 P
    3417 P
    3419 P
  - 53 verworfen
    Fähe tot
- 0–3440 P
  3349
  - 1–3456 P
    P 99 P
    P101 P
    P103 P
  - 2–3354 P
    3331 P
    3333 P
  - 53 Fähe tot
  3351 P
  3353 19. 6. +
- 1–3492 P
  3494 P
  3496 P
  3498 4. 7. +
  3409 P
- 52 Wurf tot
- V3-116 16. 9. +
  101 27. 9. +
  P17 1. 10. +
  P19 1. 9. +
- 53 an Tbc eingegangen

Fuchsfähe P 43–97

P 43–97

–44 insgesamt 5,2 Welpen

–5–5044 P
5046 P
5048 P
5050 P
5047 P

–46 insgesamt 6 Welpen
14. 5. Wurf tot

–7–3406 2. 7. +
3408 25. 6. +
3410 27. 6. +
3412 P
3414 31 8. nach Rostock +
3381 P
3383 5. 6. +

–8–3290 P
3292 P
3294 P
3296 P
3275 P
3277 P
3279 P

–49 7 Welpen
13. 4. Wurf tot

–0–3228 P
3230 P
3232 P
P56 +
P58 P
P49 — –51 leer
–2–3421 — –3–3600 P
3435 17. 8. +
3437 26. 8. +
3439 P
–53 Fähe tot
P339 P
–52 gepelzt

–1–P122 P
P126 P
P128 P
3201 P
3203 — –2–3128 P
3130 P
3132 P
3119 P
3121 +
–52 gepelzt
P81 P

–2–3296 P
3298 P
3300 P
3302 P
3293 — –53 leer gepelzt
3295 P
3297 — –3–3416 10. 11. +
3418 P
–54 Welpen vergraben
gepelzt

–3–3319 — –54 mit 3 Welpen
Geburtsschwierigkeiten
dabei eingegangen
3466 P

–54 leer gepelzt

Fuchsfähe o–5039

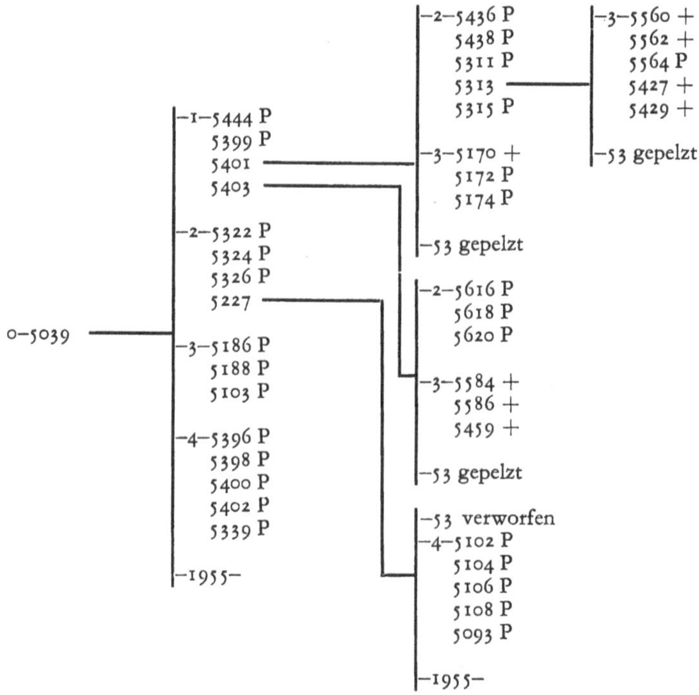

Fuchsfähe 9–5139

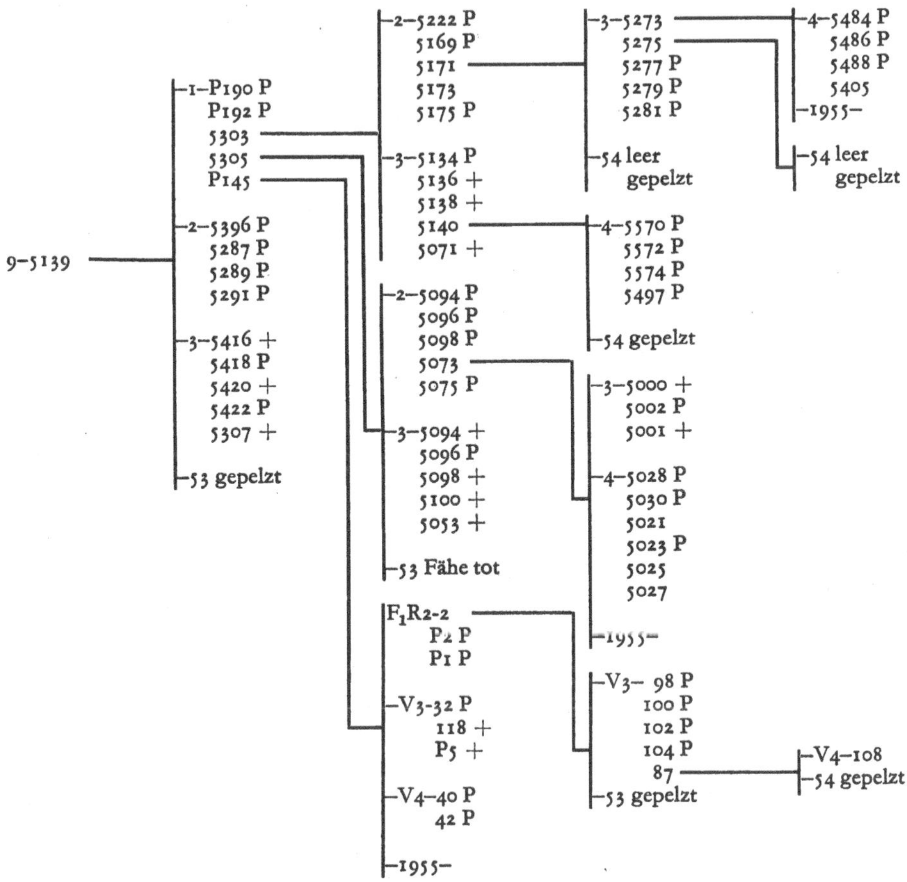

Fuchsfähe o–6135

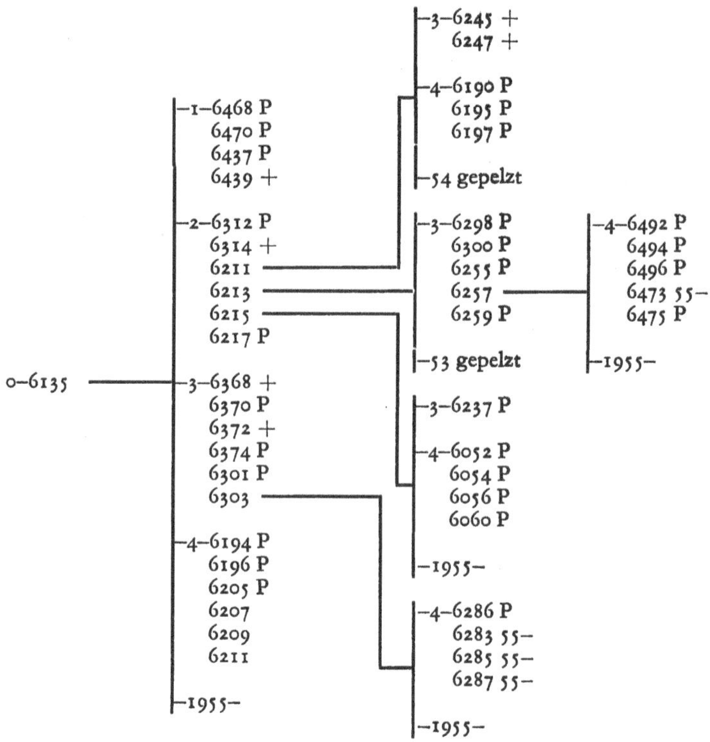

Fuchsfähe o–6053

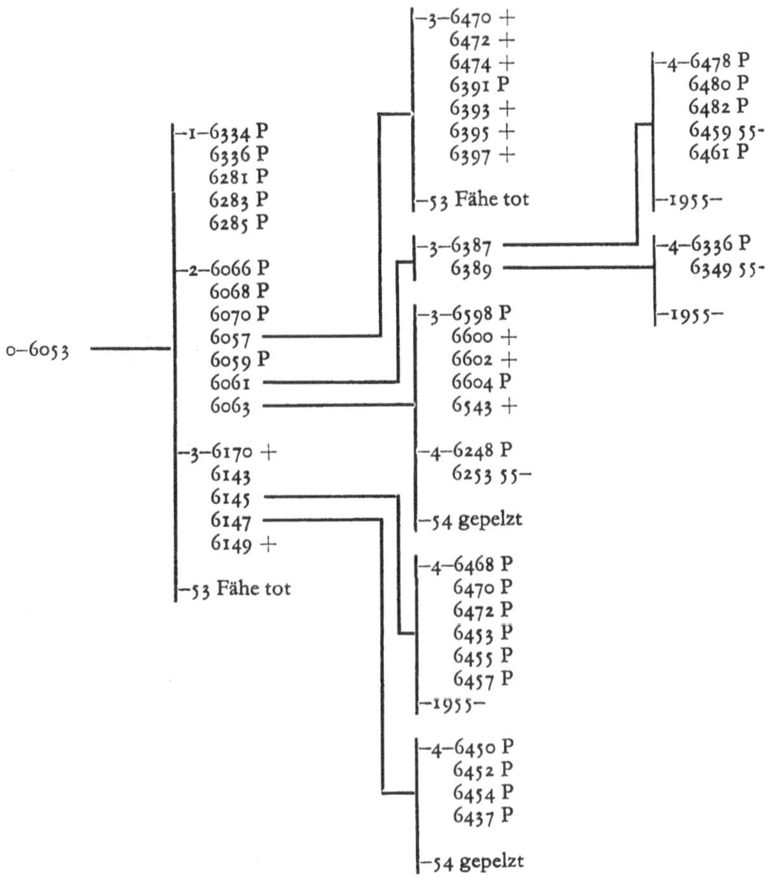

Fuchsfähe o–6051

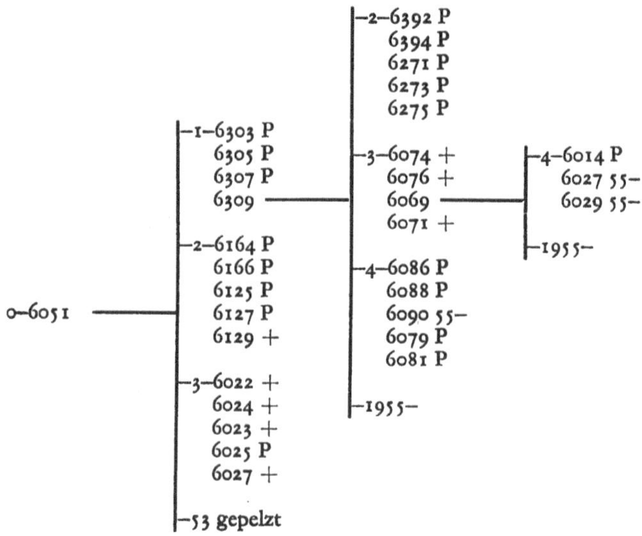

Fuchsfähe o–6027

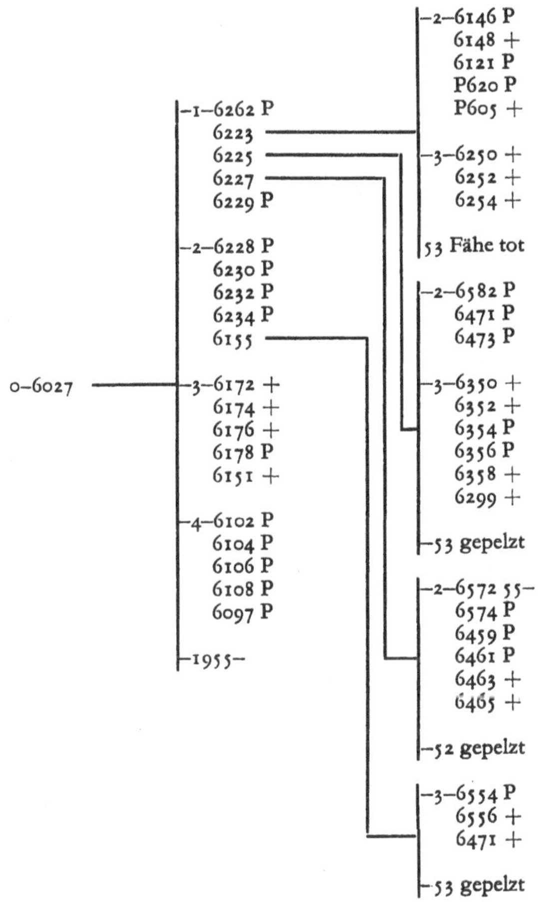

Nerzfähe 0–030

- 0–030
  - 1–0365 P
    - 0367 P
    - 0356 16. 6.+
    - 0358 P
    - 0360 P
  - 2–0253 P
    - 0292 P
    - 0294 P
    - 0296
      - 3–0859 P
        - 0861 P
        - 0863 P
        - 0865 P
        - 0867 2. 7.+
      - 4–029 P
        - 031 P
        - 033 P
        - 038 55–
        - 040 55–
      - 1955 n. Rostock
    - 0298
      - 3–0268
        - 4–0347 P
          - 0349 P
          - 0351 P
          - 0353 P
          - 0300 P
          - 0302 P
          - 0304 55–
        - 1955–
      - 4–149 55–
        - 151 P
        - 153 P
        - 155 P
        - 157 P
        - 162 55–
      - 1955 n. Rostock
    - 0300 P
  - 3–0161 11. 6.+
    - 0163
      - 4–335 P
      - 4–371 55–
        - 373 P
        - 375
        - 379 P
        - 380 55–
        - 382 P
        - 384 P
      - 4–389 P 4
        - 391 P
        - 393 P
        - 392 P
        - 394 P
      - 1955–
    - 0165 P
    - 0140
      - 4–655 P
        - 657 P
        - 659 P
        - 672 P
        - 674 55–
      - 1955 n. Rostock
    - 0142
      - 54 leer
      - 1955–
    - 0144
      - 4–01353 P
        - 01236 55–
        - 01238 22. 6.+
      - 1955–
    - 0146
      - 4–0705 55–
        - 0626 55–
        - 0628 P
        - 0630 P
      - 1955–
  - 53 gepelzt

Nerzfähe 8–240

–3–0487 P
0489 P
0380
0382
0384 P

–4–0659 P
0661 P
0663 P
0665 55–
0566 55–
0568 55–
–1955–

–3–0747 19. 6.+
0612 P
0614 P
0616
–53 gepelzt

–3–0209 P
0211 P
0186
0188

–3–0509 29. 6.+
0511
0402 P

–3–0533 P
0535 P
0418 P
0420 P
0422

–3–0745 P
0610

–3–0875
0877 P
0730 P
0732
0734
0736
0738

–3–0909 P
0911
0913 P

–4–0535 P
0537 P
0539 2. 7.+
0541 8. 7.+
0468 P
0470 P
0472 22. 7.+
0474 55–
–22–7–54. +

–4–01407 P
01409 P
01411 P
–1955–

–4–1059 P
1061 P
1063 P
1046 P
–1955 n. Rostock

–4–0947 P
0949 P
0951 P
0953 P
0955 P
0858 P
0860 P
0862 P
–1955

–4–65 P
67 P
69 P
71 P
73 P
–1955–

–4–0261 P
0263 P
0265 17. 6.+
0267 P
0269 P

–4–0387 P
0389 P
0391 P.
0393
0338 P
0340 P

–4–0395 P
0397 P
0399 26. 7.+
0401 P
0342 P
0344 P
0346 P
0348 P
–1955–

0803 P
0700 P
0702 55–
–1955–

–4–0149 P
0151 P
0153 P
0155 P
0136 P
–1955–

–4–0403 P
0405 P
0407 P
0350 55–
0352 55–
–1955–

–4–0409 P
0411 P
0413 P
0415 P
0354 55–
0356 P
0358 55–
0360 P
–1955

–4–0575 P
0577 21. 6. +
0579 P
0492 P
–1955–

–4–0839 P
0841 P
0748 P
0750 P
–1955 gepelzt

–4–0427 P
0429 P
0431 P
0433 55–
0435 55–
0380 P
0382 55–
0384 55–
0386 P
–1955

–4–525 P
527 P
529 P
531 P
533 P
–1955

–4–025 P
027 55–
030 P
032 P
034 P
036 P

–4–0197 P
0199 P
0201 P
0203 P
0205 P
01449 P
0178 55–

–4–0227 P
0229 55–
0231 55–
0186 55–
0188 55–
0190 55–
0192 P
1094 P

–4–0897 P
0899 P
0901 P
0816 55–
0818 55–
0820 55–

–4–01413 P
01415 P
–1955–

–4–0833 P
0730 P
–1955–

–4–0835 P
0732 55–
0734 55–
0736 455–
–1955–

Nerzfähe 1–018

1–018
- 2–0143 P
  - 0145 P
  - 0136 P
  - 0138 P
  - 0140 P
- V3–25 P
  - 27 55 P
  - 38
    - V4–91 55–
      - 93 P
      - 95 P
      - 97 P
      - 99 P
      - 86 P
      - 88 P
    - 1955
  - 40 P
- V4–105 P
  - 107 P
  - 109 55–
  - 111 55–
  - 96 P
  - 98 P
- 1955–

Nerzfähe 0–016

0–016
- 1–0117 P
  - 0119 P
  - 0120 P
  - 0122 P
  - 0124 P
- 2–0118 P
  - 0120 P
  - 0122 14. 6.+
  - 0124 P
  - 0126 P
- 3–0239 P
  - 0241 P
  - 0243 17. 8.+
  - 0208 P
  - 0210 P
  - 0212
    - 4–1025 P
      - 1027 P
      - 1029 P
      - 1031 P
      - 1033 P
      - 1030 P
      - 1032 P
    - 1955 n. Rostock
- 4–201 P
  - 203 P
  - 205 P
  - 210 P
  - 212 P
  - 214 P
  - 216 P
- 1955 n. Rostock

www.ingramcontent.com/pod-product-compliance
Lightning Source LLC
LaVergne TN
LVHW042243300926
849161LV00003B/456